上海市工程建设规范

建筑太阳能光伏发电应用技术标准

Technical standard of solar photovoltaic system on building

DG/TJ 08—2004B—2020

J 11326—2020

主编单位：上海交通大学

上海电力设计院有限公司

国网上海市电力公司

批准部门：上海市住房和城乡建设管理委员会

施行日期：2021 年 3 月 1 日

同济大学出版社

2021　上海

图书在版编目(CIP)数据

建筑太阳能光伏发电应用技术标准/上海交通大学，上海电力设计院有限公司，国网上海市电力公司主编. —上海：同济大学出版社，2021.2

ISBN 978-7-5608-9773-8

Ⅰ. ①建… Ⅱ. ①上… ②上… ③国… Ⅲ. ①太阳能建筑-太阳能发电-技术标准 Ⅳ. ①TM615-65

中国版本图书馆 CIP 数据核字(2021)第 026224 号

建筑太阳能光伏发电应用技术标准

上海交通大学
上海电力设计院有限公司　**主编**
国网上海市电力公司

策划编辑　张平官
责任编辑　朱　勇
责任校对　徐春莲
封面设计　陈益平

出版发行　同济大学出版社　　www.tongjipress.com.cn
（地址：上海市四平路 1239 号　邮编：200092　电话：021-65985622）

经　　销　全国各地新华书店
印　　刷　浦江求真印务有限公司
开　　本　889mm×1194mm　1/32
印　　张　3.125
字　　数　84000
版　　次　2021 年 2 月第 1 版　　2021 年 2 月第 1 次印刷
书　　号　ISBN 978-7-5608-9773-8
定　　价　30.00 元

上海市住房和城乡建设管理委员会文件

沪建标定〔2020〕501号

上海市住房和城乡建设管理委员会
关于批准《建筑太阳能光伏发电应用技术标准》
为上海市工程建设规范的通知

各有关单位：

由上海交通大学、上海电力设计院有限公司和国网上海市电力公司主编的《建筑太阳能光伏发电应用技术标准》，经我委审核，现批准为上海市工程建设规范，统一编号为DG/TJ 08—2004B—2020，自2021年3月1日起实施。原《民用建筑太阳能应用技术规程（光伏发电系统分册）》（DG/TJ 08—2004B—2008）同时废止。

本规范由上海市住房和城乡建设管理委员会负责管理，上海交通大学负责解释。

特此通知。

上海市住房和城乡建设管理委员会

二〇二〇年九月十八日

前　言

根据上海市住房和城乡建设管理委员会《关于印发〈2019年上海市工程建设规范和建设标准设计编制计划〉的通知》（沪建标定〔2018〕753号）的要求，由上海交通大学、上海电力设计院有限公司和国网上海市电力公司会同有关单位对《民用建筑太阳能应用技术规程（光伏发电系统分册）》DG/TJ 08—2004B—2008进行修订。

本标准主要内容有：总则；术语；基本规定；光伏发电系统设计；建筑与结构设计；接入系统；施工及安装；检测与调试；消防；工程验收；运行维护。

本次修订的主要内容有：

1　从设备选择、系统设计、施工安装和检测调试等方面增加了建筑太阳能光伏发电系统在防火、安全方面的技术内容和要求。

2　增加了建筑太阳能光伏发电系统设计在主设备选择、光伏方阵等方面的技术内容和要求。

3　增加了建筑太阳能光伏发电系统在现场检查和安全性测试等方面的技术内容和要求。

各单位及相关人员在执行本标准过程中，如有意见和建议，请反馈至上海市住房和城乡建设管理委员会（地址：上海市大沽路100号；邮编：200003；E-mail：bzgl@zjw.sh.gov.cn），上海市太阳能学会（地址：上海市华山路1954号上海交通大学物资楼；邮编：200030；E-mail：shsesorg@163.com），或上海市建筑建材业市场管理总站（地址：上海市小木桥路683号；邮编：200032；E-mail：bzglk@zjw.sh.gov.cn），以供今后修订时参考。

主 编 单 位：上海交通大学
上海电力设计院有限公司
国网上海市电力公司

参 编 单 位：上海市太阳能学会
上海市节能减排中心
华为技术有限公司
阳光电源股份有限公司
上海金友金弘智能电气股份有限公司
力诺电力集团股份有限公司
协鑫能源工程有限公司
苏州中来民生能源有限公司

参 加 单 位：上海太阳能工程技术研究中心有限公司
江苏固德威电源科技股份有限公司
林洋能源科技(上海)有限公司
德国莱茵 TÜV 集团

主要起草人：沈文忠 叶　军 龚春景 郭家宝 黄兴德
袁　晓 王安石 彭晟桓 赵春江 袁智强
张彦虎 钟明明 陈文升 常　勇 相海涛
孙石垒 程　锐 朱　淼 安　超 冯云岗
章荣国 邓　宇 顾辰方 张铭泽 潘爱强
卢　英 顾永亮 王　虎 朱京栋 蒋国峰
江　涛 李庆平 李正平 缪金松 邹绍琨
钱峰伟 蔡　蕴

主要审查人：徐　强 孙耀杰 刘永生 张军军 包海龙
谭洪卫 郑　直

上海市建筑建材业市场管理总站

目　次

Contents

1 总 则

1.0.1 为了贯彻国家和本市可再生能源利用和节能相关的法规和政策，充分利用太阳能资源，优化本市能源结构，规范本市建筑太阳能光伏发电系统的应用，特制定本标准。

1.0.2 本标准适用于本市新建、改建和扩建的建筑中采用交流并网太阳能光伏发电系统的工程。

1.0.3 太阳能光伏发电系统在建筑上的应用除应符合本标准外，尚应符合国家、行业和本市现行有关标准的规定。

2 术 语

2.0.1 建筑光伏发电系统 building mounted photovoltaic (PV) system

安装在建筑物上的光伏发电系统。

2.0.2 光伏构件 photovoltaic module component

具有建筑构件功能的光伏组件。

2.0.3 建筑一体化光伏发电 building integrated photovoltaic (BIPV)

光伏组件作为建筑部品或构件来与建筑相结合的光伏发电系统的应用形式,又称光伏建筑一体化。

2.0.4 建筑附加光伏发电 building attached photovoltaic (BAPV)

光伏组件不作为建筑部品或构件,而以附加物的形式安装在建筑物上的光伏发电系统的应用形式。

3 基本规定

3.0.1 与新建建筑相结合的光伏发电系统应纳入建筑工程统一规划中，同步设计、同步施工和验收，宜与建筑工程同时投入使用。

3.0.2 建筑光伏发电系统的应用应根据所在建筑物的类型和使用功能，综合考虑太阳光照条件、安装条件、并网接入、电能消纳等因素，符合经济、适用、安全、美观，便于安装和维护等要求。

3.0.3 建筑光伏发电系统安装应选用火灾危险性低的建筑物，并避开爆炸和火灾危险性环境，甲、乙类厂房和仓库上不应安装光伏发电系统。

3.0.4 建筑物上安装的光伏发电系统，不应降低相邻建筑物的日照标准。

3.0.5 在既有建筑物上增设或改建光伏发电系统时，必须进行建筑物结构和电气的安全复核，并应满足建筑结构及电气的安全性要求。

3.0.6 当光伏组件作为建筑构件时，光伏组件除应满足电气安全性能以外，还应符合所在建筑部位的建筑性能和设计使用年限的要求。

3.0.7 光伏发电系统中所有的设备和部件，应符合国家现行相关标准的规定，主要设备和部件应通过国家批准的认证机构的产品认证。

3.0.8 当建筑光伏发电系统直流侧电压等级大于 600 V 时，光伏方阵区域应采取有效措施防止非专业人员进入；当直流侧电压大于 120 V 但小于等于 600 V 时，对于暴露在光伏方阵之外超过 1 m 的直流电缆应有安全防护措施。

3.0.9 建筑光伏发电系统安装施工过程中或完工后，应进行相关的检查、测试与调试，并经验收合格后方可移交给用户，移交时应提供相关的工程文件、产品合格证和使用说明书等资料。

4 光伏发电系统设计

4.1 光伏发电系统配置

4.1.1 用户侧并网的建筑光伏发电系统宜采用分散逆变、就地并网的接入方式；并入公共电网的建筑光伏发电系统宜采用分散逆变、集中并网的接入方式。

4.1.2 建筑光伏发电系统中组件与逆变器之间的容量配比应综合考虑光伏方阵的安装方式、可安装容量、光伏方阵至逆变器的各项损耗等因素，经技术经济比较后确定。光伏方阵的组件安装容量与逆变器额定容量之比宜在 1.2～1.5 之间。

4.1.3 对于屋顶朝向、倾角不一致的建筑光伏发电系统，宜采用具备多路最大功率点跟踪功能的逆变器。接入同一最大功率点跟踪回路的光伏组件串的电压、组件朝向、安装倾角、阴影遮挡影响等宜一致。

4.1.4 光伏发电系统设计时应选定合适的直流侧电压等级，系统直流侧的设备与材料的耐压应不低于所选电压等级。光伏组件串在昼间极端低温下的最大开路电压，不应高于该设计电压等级。

4.1.5 建筑光伏发电系统中光伏组件所安装建筑部位采用可燃性承重构件时，单块光伏组件或组串应采用快速关断的方式控制光伏方阵输出电压，应在 30 s 内，组串内任意两点的电压降到 80 V 以下，光伏方阵范围 1 m 外电压降到 30 V 以下。

4.1.6 建筑光伏发电系统直流侧光伏方阵的开断装置应具有灭弧能力。

4.2 主要设备选择

4.2.1 建筑光伏发电系统的主要电气设备选择应符合下列要求：

1 电气设备的带电导体、元件都应有外壳隔离保护，并需要依靠钥匙或工具才能打开门、盖板或解除联锁。

2 电气设备的构造和元件布置应便于操作和检修。

3 电气设备应满足所安装地点的温度、散热、日晒、灰尘、污秽、湿度等环境条件；湿热、工业污秽严重和沿海滩涂地区使用的所有电气设备，应考虑潮湿、污秽及盐雾的影响。

4 室内箱体的防护等级不应低于 IP20，室外箱体的防护等级不应低于 IP54。

4.2.2 光伏组件应根据组件类型、峰值功率、转换效率、温度系数、尺寸和重量、功率辐照度特性、机械性能、电气性能和使用寿命等技术条件进行选择。

4.2.3 光伏组件的类型选择应符合下列要求：

1 依据上海市的太阳辐射量、气候特征、场地面积等因素，经技术经济比较后确定。

2 宜选用与建筑、结构相协调的光伏组件或光伏构件，光伏构件应符合相应建筑部品或构件的技术要求。

3 光伏组件的电气使用寿命应不低于 25 年。

4 光伏构件的机械结构寿命不低于相应建筑构件的使用寿命。

5 光伏组件产生的光辐射应符合现行国家标准《建筑幕墙》GB/T 21086 的相关规定。

4.2.4 逆变器应按形式、容量、相数、频率、功率因数、过载能力、效率、输入输出电压、最大功率点跟踪、保护和监测功能、通信接口、温升、冷却方式、防护等级等技术条件进行选择。

4.2.5 用于并网光伏发电系统的逆变器性能应符合现行国家标

准《光伏发电并网逆变器技术要求》GB/T 37408 和现行行业标准《光伏并网逆变器技术规范》NB/T 32004 的规定。

4.2.6 光伏组串汇流箱应依据型式、绝缘水平、电压、输入回路数、输入额定电流、防护等级等技术条件进行选择，并符合现行国家标准《光伏发电站汇流箱技术要求》GB/T 34936 的规定。

4.2.7 建筑光伏发电系统的并网箱或并网柜应符合下列要求：

1 并网箱或并网柜内应设置有通断、隔离、保护的断路器。

2 断路器应具备短路速断功能，可选用框架、塑壳及微断等形式。

3 并网箱或并网柜应具备过压、欠压保护功能，同时宜具备过压、欠压自恢复功能。

4 并网箱或并网柜宜具备剩余电流动作保护功能。

4.2.8 光伏发电系统直流电弧保护装置宜由电弧检测器和电弧断路器组成，并应符合下列要求：

1 保护装置在检测到故障电弧并动作后，应能切断发生电弧故障的光伏组串，并发出可视的告警信号；当不能判断发生电弧故障的组串时，应关停故障电弧所在的整个阵列。

2 保护装置的过流分断能力不应小于电弧断路器安装处短路电流的 1.25 倍。

3 保护装置动作时间应小于发生电弧 2.5 s 且电弧能量小于 750 J 时。

4 保护装置复位可采用就地手动复位、远程手动复位或自动复位三种方式。

5 如果有绝缘监测装置，可不设独立的对地并联电弧保护装置。

4.3 光伏方阵

4.3.1 光伏方阵设计与安装宜和建筑条件、建筑环境、建筑美观相协调，光伏方阵布置位置应选择光照条件较好的建筑部位。

4.3.2 当建筑光伏发电系统采用集中式或组串式逆变器时，光伏方阵容量选择应遵循下列原则：

1 根据建筑利用条件确定光伏组件的规格、安装位置、安装方式和可安装面积。

2 根据光伏组件规格及可安装面积确定光伏方阵最大可安装容量。

3 根据并网逆变器的额定直流电压、最大功率点跟踪电压范围、光伏组件的最大输出工作电压及其温度系数，确定光伏组件串的串联数。

4 根据光伏方阵与逆变器之间的容量配比要求确定光伏组件串的并联数。

4.3.3 同一光伏组件串中各光伏组件的电性能参数宜保持一致，光伏组件串的串联数量应符合现行国家标准《光伏发电站设计规范》GB 50797 的规定。

4.3.4 光伏方阵布置应预留满足光伏发电系统日常维护、检修、清洗、设备更换等要求的运维通道。

4.3.5 光伏方阵安装在平屋面上时，应符合下列要求：

1 光伏方阵安装宜采用固定式支架，光伏方阵的安装倾角经技术经济比较后确定。

2 固定倾角安装的光伏方阵中，前后排光伏组件的间距宜满足冬至日 9:00—15:00 真太阳时段内前后不产生阴影遮挡的要求。

3 光伏方阵布置应不影响所在建筑部位的防水、排水和保温隔热等功能。

4 光伏方阵水平面投影不应超出建筑物立面或者屋面，宜利用女儿墙等建筑构造对光伏组件安装中影响感观的凸出部位进行适当围挡。

5 安装在居住建筑上的光伏方阵，其最高点与屋顶面之间高差不应超过 1.5 m。

4.3.6 光伏方阵安装在坡屋面上时，应符合下列要求：

1 光伏方阵应采用顺坡镶嵌或顺坡架空安装。

2 光伏方阵不应超过该安装屋面屋脊的最高点。

3 光伏方阵水平面投影不应超出建筑物立面或者屋面。

4 光伏方阵表面与安装屋顶面的平行距离不应超过 30 cm。

4.3.7 建筑附加光伏发电系统的光伏方阵与屋面之间的空间距离应满足安装、通风和散热的要求，光伏方阵组件之间宜预留 5 mm～30 mm 间距。

4.3.8 建筑一体化光伏发电系统的光伏方阵应具备建筑所需的防水、隔热、防火、采光、通风、围挡等功能。

4.3.9 光伏方阵布置时应避开易燃易爆、高温发热、腐蚀性物质、污染性环境等。

4.3.10 在进行光伏方阵布置时应减少周边环境、景观设施和绿化种植等对其遮挡。

4.4 电气主接线和设备配置

4.4.1 光伏发电系统主接线设计，应符合下列要求：

1 光伏发电系统可局部进行维护和检修。

2 应使光伏发电系统始终保持运行在高转换效率的状态。

3 应简单可靠，满足无人值守的要求。

4 所采用的设备材料宜采用标准化产品。

5 每个部分均应有防雷击的功能。

4.4.2 光伏发电系统交流侧应配置接地检测、过压/过流保护、指示仪表和计量仪表等装置。

4.4.3 光伏发电系统自用电系统的电压宜选用 380 V，并应采用动力与照明网络共用的中性点直接接地方式。单个并网点在 8 kW 及以下的单相光伏系统，其自用电工作电源可采用 220 V。

4.4.4 自用电工作电源引接方式宜符合下列规定：

1 当光伏发电系统设有接入母线时，宜从接入母线上引接供给自用负荷。

2 可由建筑配电系统引接电源供给光伏发电系统自用负荷。

3 逆变器及升压变压器的用电可由各发电单元逆变器交流出线侧引接。

4.4.5 有升压系统的大型光伏发电系统，应设置直流系统，其直流系统电压宜选择 110 V。直流系统蓄电池的充电设备宜采用高频开关整流充电器，兼作浮充电用。

4.4.6 光伏发电系统升压变压器的选择应符合现行行业标准《导体和电器选择设计技术规定》DL/T 5222 的规定，参数宜符合现行国家标准《油浸式电力变压器技术参数和要求》GB/T 6451、《干式电力变压器技术参数和要求》GB/T 10228、《三相配电变压器能效限定值及能效等级》GB 20052 和《电力变压器能效限定值及能效等级》GB 24790 的规定。

4.4.7 光伏发电系统升压变压器的选择应符合下列规定：

1 宜选用自冷式低损耗电力变压器。

2 当无励磁调压电力变压器不满足电力系统调压要求时，应采用有载调压电力变压器。

3 升压变压器容量可按光伏发电系统的最大连续输出容量进行选取，且宜选用标准容量。

4 可选用预装式箱式变压器或变压器、高低压电气设备等组成的装配式变电站；当设备采用户外布置时，沿海区域设备的防护等级应达到 IP65。

5 升压变压器可采用双绕组变压器、双分裂变压器，双分裂变压器阻抗应与逆变器相匹配。

6 接入公用电网的光伏发电系统和电网连接的升压变压器，应选择合适的连接组合方式，以隔离逆变系统产生的直流分量。

4.4.8 高压、低压配电设备选择及布置应符合现行国家标准《3～110 kV高压配电装置设计规范》GB 50060 和《低压配电设计规范》GB 50054 的相关要求。

4.4.9 0.4 kV～35 kV 电压等级的配电装置宜采用柜式结构，配电柜宜布置于室内。

4.4.10 并联电容器装置的设计应符合现行国家标准《并联电容器装置设计规范》GB 50227 的规定。通过 35 kV 及以上电压等级并网以及通过 10 kV 电压等级与公共电网连接的光伏发电系统，无功补偿设备的选择应符合现行国家标准《光伏发电站无功补偿技术规范》GB/T 29321 的规定。

4.4.11 直流汇流箱、组串式逆变器应靠近光伏方阵布置。

4.5 电气二次及监控系统

4.5.1 建筑光伏发电系统继电保护应符合下列规定：

1 通过 10 kV 及以上电压等级接入电网的光伏发电系统配置的继电保护装置应符合现行国家标准《继电保护和安全自动装置技术规程》GB/T 14285 的有关规定。通过 380 V 电压等级接入电网的建筑光伏发电系统宜采用断路器，可不配置专用的继电保护装置。

2 建筑光伏发电系统交流母线可不设专用母线保护，发生故障时可由母线有源连接元件的保护切除故障。

4.5.2 建筑光伏发电系统保护功能配置应满足下列要求：

1 各交流回路应具备过流保护功能。

2 当直流侧最大系统电压大于等于 80 V 时，各直流回路应具备过流保护功能。

3 当直流侧最大系统电压大于等于 80 V 时，宜具备直流故障电弧检测和保护功能。

4 应具备漏电或触电自动保护功能。

5 并网建筑光伏发电系统应具备防孤岛保护功能。

4.5.3 并网建筑光伏发电系统应设置短路保护，当电网短路时，其逆变器的过电流应不大于额定电流的 1.5 倍，并在 0.1 s 内将系统与电网断开。

4.5.4 并网建筑光伏发电系统的监控系统应符合下列规定：

1 通过 10 kV 及以上电压等级接入电网的建筑光伏发电系统的监控系统应包括数据采集、数据处理、控制操作、防误闭锁、报警、事件处理、人机交互、对时、通信等基本功能，功能、性能应符合现行国家标准《光伏发电站监控系统技术要求》GB/T 31366 的有关规定。

2 监控系统可采用本地监控形式或远程监控方式，无人值守的建筑光伏发电系统可通过互联网实现远程实时监控系统。

3 通过 10 kV 及以上电压等级接入电网的建筑光伏发电系统的监控系统，应具备接收并执行电网调度部门远方发送的有功和无功功率出力控制指令能力。

4 通过 10 kV 及以上电压等级并网的光伏发电系统，应根据调度自动化系统的要求及接线方式，提出远动信息采集要求。远动信息应包括并网状态、光伏发电系统有功、无功、电流等运行信息、逆变器状态信息、无功补偿装置信息、并网点的频率电压信息、继电保护及自动装置动作信息。

5 通过 10 kV 及以上电压等级并网的建筑光伏发电系统应符合电力系统二次安全防护总体要求。

4.6 过电压保护和接地

4.6.1 安装光伏发电系统的建筑，应符合现行国家标准《建筑物防雷设计规范》GB 50057 的规定。

4.6.2 光伏发电升压系统的过电压保护和接地设计应符合现行国家标准《交流电气装置的过电压保护和绝缘配合设计规范》

GB/T 50064 和《交流电气装置的接地设计规范》GB/T 50065 的规定。

4.6.3 光伏发电系统和并网接口设备的防雷和接地，应符合国家现行标准《光伏发电站防雷技术要求》GB/T 32512 和现行行业标准《光伏发电站防雷技术规程》DL/T 1364 的规定。

4.6.4 对需要接地的光伏发电系统设备，应保持接地的连续性和可靠性。光伏发电系统的防雷及接地保护宜与建筑物防雷及接地系统合用，安装光伏发电系统后不应降低建筑物的防雷保护等级，且光伏方阵接地电阻不应大于 4Ω。

4.6.5 光伏组件金属框架或夹具应与金属支架或金属檩条可靠连接、连续贯通，光伏组件支架与建筑接地系统应采取至少 2 点连接。

4.7 电缆选型和敷设

4.7.1 建筑光伏发电系统用电缆导体宜采用铜芯；应用于组件到组串汇流箱的直流电缆应镀锡。

4.7.2 建筑光伏发电系统用直流电缆应符合现行行业标准《光伏发电系统用电缆》NB/T 42073 和现行协会标准《光伏发电系统用电缆》CEEIA B218 的要求。

4.7.3 建筑光伏发电系统用交流电缆应符合现行国家标准《额定电压 1 kV(U_m=1.2 kV)到 35 kV(U_m=40.5 kV)挤包绝缘电力电缆及附件》GB/T 12706 和《额定电压 1 kV(U_m=1.2 kV)到 35 kV(U_m=40.5 kV)铝合金芯挤包绝缘电力电缆》GB/T 31840 的要求。

4.7.4 当建筑光伏发电系统的电缆长期暴露在户外时，应根据现场环境要求选择抗紫外、耐高温、防水、防腐的产品。

4.7.5 电缆敷设可采用直埋、保护管、电缆沟、电缆桥架、电缆线槽等方式，动力电缆和控制电缆宜分开排列，电缆沟不得作为排水通路。电缆保护管宜隐蔽敷设并采取保护措施。

4.7.6 建筑光伏发电系统的电缆应采用C类及以上阻燃电缆，并满足使用环境要求，敷设时还应满足下列要求：

1 电缆不应敷设在变形缝内。

2 电缆穿过变形缝时，应在穿过处加设不燃烧材料套管，并应采用不燃烧材料将套管空隙填塞密实。

3 电缆不宜穿过防火墙；当需要穿过时，应采用防火封堵材料将墙与管道之间的空隙紧密填实。

4 光伏方阵输出的直流电缆不宜敷设进室内；当直流电路需要在室内敷设时，应采用独立的封闭型电缆桥架或套管，电缆桥架和套管应为钢制材料，且应在靠近光伏方阵处设置关断开关或断路器。

4.7.7 在有腐蚀或特别潮湿的场所应采用电缆桥架布线，并采取铠装、架空、防水等相应的防护措施；电缆桥架、线槽等支撑结构应采用耐腐蚀的刚性材料或采取防腐蚀处理。

4.7.8 光伏方阵内电缆桥架的铺设不应对光伏组件造成遮挡。

4.7.9 建筑光伏发电系统的电缆选型、敷设应符合现行国家标准《电力工程电缆设计标准》GB 50217、《电气装置安装工程 电缆线路施工及验收标准》GB 50168和《光伏发电工程施工组织设计规范》GB/T 50795的规定。

5 建筑与结构设计

5.1 一般规定

5.1.1 安装光伏发电系统的新建建筑物，宜结合光伏发电系统的特点，进行建筑布局、朝向、间距、群体组合和空间环境设计。

5.1.2 建筑光伏发电系统的外观应与建筑整体风格相协调，不应影响建筑的采光、通风，不应引起建筑能耗的增加。

5.1.3 光伏发电系统构件作为建筑物围护结构时，应能满足所在部位建筑防护功能的各项要求。

5.1.4 建筑光伏发电系统与支撑结构作为建筑突出物时，其应符合现行国家标准《民用建筑设计统一标准》GB 50352 的要求。

5.1.5 建筑光伏发电系统的结构设计使用年限应符合下列规定：

1 建筑附加光伏发电系统的结构设计使用年限不应小于25 年。

2 建筑一体化光伏发电系统的支承结构，其结构设计使用年限不应小于其替代的建筑构件的设计使用年限。

5.1.6 建筑设计应为光伏发电系统提供安全的安装条件，并应在安装光伏组件的部位设置防止光伏组件损坏、坠落的安全防护措施。

5.2 建筑设计

5.2.1 应根据建筑效果、设计理念、可利用面积、安装场地和周边环境等因素选择光伏组件的类型、尺寸、颜色和安装位置。

5.2.2 建筑体形及空间组合应为光伏组件接收充足的太阳光照创造条件。

5.2.3 建筑设计应为光伏发电系统的安装提供便利条件，并应在安装光伏组件的部位采取安全防护措施。

5.2.4 建筑光伏发电系统应采取防止光伏组件损坏、坠落的安全防护措施。

5.2.5 光伏系统直接作为屋顶围护结构使用时，其材料和构造应符合屋面防水等级要求。

5.2.6 光伏组件安装设计时不应跨越建筑变形缝。

5.2.7 光伏组件布置应避开厨房排油烟口、屋面排风口、排烟道、通气管、空调系统等设施。

5.2.8 光伏组件尺寸和形状的选择宜与建筑模数尺寸相协调，且应符合现行国家标准《建筑模数协调标准》GB/T 50002 的相关规定。

5.2.9 作为遮阳或采光构件的光伏组件设计应符合下列规定：

1 在建筑透光区域设置光伏组件应符合现行国家标准《建筑采光设计标准》GB 50033 的要求。

2 作为遮阳构件的光伏组件应符合室内采光和日照的要求，并应符合遮阳系数的要求。

3 光伏窗应符合采光、通风、观景等使用功能的要求。

4 用于建筑透光区域的光伏组件，其接线盒不应影响室内采光。

5.2.10 光伏组件表面色彩选择应符合下列规定：

1 光伏组件的色彩应与建筑整体色调相匹配。

2 光伏组件边框的颜色应与光伏电池的色彩及建筑整体设计相匹配。

3 对色彩有特殊要求的光伏组件，应符合设计相关要求。

5.2.11 屋面防水层上安装光伏组件时，应采取相应的防水措施，光伏组件的管线穿屋面处应预埋防水套管，并应做防水密封处理。建筑屋面安装光伏发电系统不应影响屋面防水的周期性更新和维护。

5.2.12 屋面上安装光伏组件应符合下列规定：

1 光伏方阵布置应考虑日常运行维护通道。

2 在无防护的柔性防水层屋面上安装光伏系统，应在光伏支架系统基座下部增设附加防水层，宜在光伏系统屋面日常检修通道上部铺设保护层。

3 光伏瓦宜与屋顶普通瓦模数相匹配，不应影响屋面正常的排水功能。

5.2.13 阳台或平台上安装光伏组件应符合下列规定：

1 安装在阳台或平台栏板上的光伏组件支架应与栏板主体结构上的预埋件牢固连接。

2 构成阳台或平台栏板的光伏组件，应符合刚度、强度、防护功能和电气安全要求，其高度应符合护栏高度的要求。

5.2.14 墙面上安装光伏组件应符合下列规定：

1 光伏组件与墙面的连接不应影响墙体的保温构造和节能效果。

2 穿墙管线不宜设在结构柱处。

3 光伏组件镶嵌在墙面时，宜与墙面装饰材料、色彩、分格等协调处理。

5.2.15 建筑幕墙上安装光伏组件应符合下列规定：

1 光伏组件的尺寸应符合幕墙设计模数与幕墙协调统一。

2 光伏幕墙的性能应符合现行行业标准《玻璃幕墙工程技术规范》JGJ 102 的要求。

3 由光伏幕墙构成的雨篷、檐口和采光顶，应符合建筑相应部位的刚度、强度、排水功能及防止空中坠物的安全性能规定。

4 开缝式光伏幕墙或幕墙设有通风百叶时，线缆槽应垂直于建筑光伏发电构件，并应便于开启检查和维护更换；穿过围护结构的线缆槽应采取相应的防渗水和防积水措施。

5　光伏组件之间的缝宽应满足幕墙温度变形和主体结构位移的要求，并在嵌缝材料受力和变形承受范围之内。

5.2.16　光伏采光顶、透光光伏幕墙、光伏窗的设计应采取隐藏线缆和线缆散热的措施，并应方便线路检修。

5.2.17　不宜采用光伏组件作为可开启的窗扇。

5.2.18　采用螺栓连接的光伏组件，应采取防松、防滑措施；采用挂接或插接的光伏组件，应采取防脱、防滑措施。

5.3　结构设计

5.3.1　建筑光伏发电系统的结构设计应包括下列内容：

1　结构选型，构件布置。

2　作用及作用效应分析。

3　结构的极限状态设计。

4　结构及构件的构造、连接措施。

5　耐久性的要求。

6　符合特殊要求结构的专门性能设计。

5.3.2　光伏采光顶结构构件的结构计算应符合现行行业标准《采光顶与金属屋面技术规程》JGJ 255 的规定。

5.3.3　光伏幕墙构件的结构计算应符合现行行业标准《玻璃幕墙工程技术规范》JGJ 102 的规定。

5.3.4　作为建筑构件的光伏发电组件的结构设计应包括光伏发电组件强度及刚度校核、支承构件的强度及刚度校核、光伏发电组件与支承构件的连接计算、支承构件与主体结构的连接计算。

5.3.5　建筑附加光伏发电系统结构构件承载力验算应符合下列规定：

1　无地震作用效应组合时，承载力应按下式计算：

$$\gamma_0 S \leqslant R \tag{5.3.5-1}$$

2　有地震作用效应组合时，承载力应按下式计算：

$$S_E \leqslant R / \gamma_{RE} \tag{5.3.5-2}$$

式中：S——荷载按基本组合的效应设计值；

S_E——地震作用和其他荷载按基本组合的效应设计值；

R——构件抗力设计值；

γ_0——结构构件重要性系数，小于等于 25 年时可取 0.9；

γ_{RE}——结构构件承载力抗震调整系数，取 1.0。

5.3.6 当建筑光伏发电系统结构作为一个刚体，验算整体稳定性时，应按下列公式中最不利组合进行验算：

$$\gamma_0 (1.2 S_{G2k} + 1.4 \gamma_{L1} S_{Q1k} + \sum_{i=2}^{n} \gamma_{Li} S_{Qik}) \leqslant 0.8 S_{G1k} \tag{5.3.6-1}$$

$$\gamma_0 (1.35 S_{G2k} + 1.4 \sum_{i=1}^{n} \gamma_{Li} \Psi_{ci} S_{Qik}) \leqslant 0.8 S_{G1k} \tag{5.3.6-2}$$

式中：S_{G1k}——起有利作用的永久荷载标准值的效应；

S_{G2k}——起不利作用的永久荷载标准值的效应；

S_{Qik}——第 i 个起不利作用的可变荷载标准值的效应，其中 S_{Q1k} 为诸不利可变荷载效应标准值中起控制作用者；

γ_{Li}——第 i 个可变荷载考虑设计使用年限的调整系数，应按现行国家标准《建筑结构荷载规范》GB 50009 的规定采用；

Ψ_{ci}——第 i 个可变荷载的组合值系数；

n——参与组合的可变荷载数。

5.3.7 玻璃的强度设计值及其他物理力学性能应符合现行行业标准《建筑玻璃应用技术规程》JGJ 113 的规定。

5.3.8 钢材的强度设计值及其他物理力学性能应按现行国家标准《钢结构设计标准》GB 50017 和《冷弯薄壁型钢结构技术规范》

GB 50018 的规定采用。

5.3.9 铝合金材料的强度设计值及其他物理力学性能应按现行国家标准《铝合金结构设计规范》GB 50429 的规定采用。

5.3.10 配重式支架结构应计算其整体抗滑移、抗倾覆能力。

5.3.11 持久设计状况和短暂设计状况的建筑光伏发电系统结构构件计算，应包括重力荷载、屋面活荷载、检修荷载、雪荷载、风荷载和温度作用的效应。作用效应组合的计算方法应符合现行国家标准《建筑结构荷载规范》GB 50009 的规定。

5.3.12 偶然设计状况下建筑光伏发电系统的抗震设计，应计入地震作用的效应。作用效应组合应符合现行上海市工程建设规范《建筑抗震设计规程》DGJ 08—9 的规定。

5.3.13 建筑光伏发电系统的地震荷载可按等效静力法计算，当结构动力影响较大时，应采用时程分析法对结构进行分析。

5.3.14 光伏构件挠度计算宜按照有限元方法进行，也可按现行行业标准《玻璃幕墙工程技术规范》JGJ 102 进行计算。

5.3.15 光伏构件的挠度应符合建筑构件及光伏组件功能的规定。

5.3.16 带边框的光伏构件其边框挠度不应大于其计算跨度的 1/120。

5.3.17 光伏支架及构件的变形应符合下列规定：

1 在风荷载标准值作用下，支架的顶点水平位移不宜大于其高度的 1/150。

2 受弯构件的挠度容许值不应超过表 5.3.17 的规定。

表 5.3.17 受弯构件的挠度容许值

<table>
<tr><th colspan="2">受弯构件</th><th>挠度容许值</th></tr>
<tr><td colspan="2">主梁</td><td>L/250</td></tr>
<tr><td rowspan="2">次梁</td><td>无边框光伏组件</td><td>L/250</td></tr>
<tr><td>其他</td><td>L/200</td></tr>
</table>

注：L 为受弯构件的跨度。对悬臂梁，L 为悬伸长度的 2 倍。

5.3.18 光伏支架及构件的长细比应符合表5.3.18-1和表5.3.18-2的规定。

表5.3.18-1 钢结构光伏支架受压和受拉构件的长细比限值

构件类别		容许长细比
受压构件	主要承重构件	180
	其他构件、支撑等	220
受拉构件	主要构件	350
	柱间支撑	300
	其他支撑(张紧的圆钢或钢绞线除外)	400

注:对承受静荷载的结构,可仅计算受拉构件在竖向平面内的长细比。

表5.3.18-2 铝合金结构光伏支架受压和受拉构件的长细比限值

构件类别		容许长细比
受压构件	主要承重构件	150
	其他构件、支撑等	200
受拉构件	主要构件	350
	其他支撑	400

注:1 计算单角铝受压构件的长细比时,应采用角铝的最小回转半径,但计算在交叉点相互连接的交叉杆件平面外的长细比时,可采用与角铝肢边平行轴的回转半径。
2 受压构件由容许长细比控制截面的杆件,在计算其长细比时,可不考虑扭转效应。
3 受拉构件在永久荷载与风荷载组合下受压时,其长细比不宜超过250。

5.3.19 光伏支架与主体结构的连接应能承受光伏方阵结构传来的应力,并应能有效传递至主体结构。

5.3.20 在金属屋面和瓦屋面上安装建筑光伏发电系统,光伏支架所承受的荷载应通过连接件传递至屋面檩条。

5.3.21 建筑光伏支架与主体混凝土结构宜通过预埋件连接。

5.3.22 当光伏支架与主体混凝土结构采用后加锚栓连接时应符合下列规定:

1 锚栓连接应进行承载力现场试验，应进行拉拔试验。

2 锚栓在可变荷载作用下的承载力设计值应取其承载力标准值除以系数 2.15，在永久荷载作用下的承载力设计值应取其承载力标准值除以系数 2.5。

3 每个连接点锚栓不应少于 2 个，锚栓直径不应小于 10 mm。

4 碳素钢锚栓应进行防腐蚀处理。

5 在地震设防烈度大于 6 度时，应使用抗震型锚栓。

6 接入系统

6.1 一般规定

6.1.1 光伏发电系统接入电网应根据其额定容量及周边电网情况确定，可采用专线接入或T接接入并入电网。

6.1.2 光伏发电系统的继电保护及安全自动装置配置，应满足可靠性、选择性、灵敏性和速动性的要求，应以保证公共电网的可靠性为原则，兼顾光伏发电的运行方式，采用有效的保护方案。

6.1.3 光伏发电系统的系统调度自动化设计应符合现行国家标准《光伏发电站接入电力系统技术规定》GB/T 19964 和《光伏发电系统接入配电网技术规定》GB/T 29319 的要求。

6.2 并网要求

6.2.1 对于单个并网点的光伏发电系统的接入电压等级，应按照安全性、灵活性、经济性的原则，根据发电容量、发电特性、导线载流量、上级变压器及线路可接纳能力、项目所在地配电网等情况，通过技术经济比选确定。具体可按表6.2.1执行。

表6.2.1 光伏发电系统接入电压等级建议

单个并网点容量	并网点电压等级
8 kW 以下	220 V
8 kW～400 kW	380 V
400 kW～6 MW	10 kV
6 MW 以上	35 kV 或 110 kV

6.2.2 单个项目可通过多个并网点接入，最终接入电网电压等级应根据电网接入条件，通过技术经济比选确定。

6.2.3 全额上网光伏发电系统宜接入公共电网，电网资源受限时也可接入用户内部；自发自用或余电上网光伏发电系统应接入用户内部。

6.2.4 单回10 kV线路T接接入或专线接入环网站或环网柜的光伏发电系统总容量，不宜超过3.5 MW。总容量超过3.5 MW的单个光伏发电项目，应采用专线接入。

6.2.5 正常运行情况下，除本电源接入系统的公共连接点外，光伏发电系统不应与公共电网建立低压联络。

6.2.6 通过380 V电压等级并网的光伏发电系统，应具备保证并网点功率因数在0.95(超前)～0.95(滞后)范围内可调节的能力。通过10 kV～35 kV电压等级并网的光伏发电系统，应具备保证并网点处功率因数在0.98(超前)～0.98(滞后)范围内连续可调的能力。

6.3 继电保护、自动化、通信和电能计量

6.3.1 光伏发电系统并网点电压为380 V/220 V时，用户侧并网点断路器应具备短路瞬时、长延时保护功能和分励脱扣、失压跳闸及低压闭锁合闸等功能，同时应配置剩余电流保护。

6.3.2 光伏发电系统采用专线专仓直接接入变电站或开关站10 kV母线时，10 kV线路两侧宜配置主后合一光纤纵差保护。

6.3.3 光伏发电系统采用专线专仓通过35 kV及以上电压等级接入公用电网时，线路两侧应配置主后合一光纤纵差保护。

6.3.4 光伏发电系统以10 kV及以上电压等级接入电网时，需在并网点设置自动装置，实现频率电压异常紧急控制功能，跳开并网点断路器；以380/220 V接入时，不独立配置安全自动装置。

6.3.5 通过10 kV电压等级接入用户侧电网以及通过380 V电

压等级接入电网的光伏发电系统，当并网点电压超出表 6.3.5-1 规定的电压范围时，应在相应的时间内停止向电网线路送电。光伏发电系统应在表 6.3.5-2 所示的电力系统频率范围内按规定运行。

表 6.3.5-1　异常电压响应时间

电网接口处电压	最大脱网时间
$20\% U_N \leqslant U < 50\% U_N$	0.1 s
$50\% U_N \leqslant U < 85\% U_N$	2.0 s
$85\% U_N \leqslant U < 110\% U_N$	连续运行
$110\% U_N \leqslant U < 135\% U_N$	2.0 s
$135\% U_N \leqslant U$	0.05 s

注：U_N为并网点电网额定电压。

表 6.3.5-2　频率响应时间要求

频率范围	运行要求
$f < 46.5$ Hz	根据逆变器允许运行的最低频率而定
46.5 Hz$\leqslant f <$47.0 Hz	应至少运行 5 s
47.0 Hz$\leqslant f <$47.5 Hz	应至少运行 20 s
47.5 Hz$\leqslant f <$48.0 Hz	应至少运行 1 min
48.0 Hz$\leqslant f <$48.5 Hz	应至少运行 5 min
48.5 Hz$\leqslant f \leqslant$50.5 Hz	连续运行
50.5 Hz$< f \leqslant$51.0 Hz	应至少运行 3 min
51.0 Hz$< f \leqslant$51.5 Hz	应至少运行 30 s
$f > 51.5$ Hz	根据逆变器允许运行的最高频率而定

6.3.6　光伏发电系统以 10 kV 及以下电压等级接入公用电网或接入用户电网且总装机容量不大于 6 MW 时，本体远动系统功能可采用远方终端采集相关信息，其他情况应配置独立监控系统采集相关信息。

6.3.7 光伏发电系统以 35 kV 及以上电压等级并网，或以 10 kV 电压等级并网但总装机容量大于 6 MW 时，上传信息宜采用调度数据网方式。

6.3.8 光伏发电系统以 10 kV 及以下电压等级并网且总装机容量不大于 6 MW 时，如不具备光纤通道，可通过远方终端采用无线公网方式接入分布式能源主站；如具备光纤通道，宜采用调度数据网作为远动通道。

6.3.9 光伏发电系统应在发电侧和电能计量点安装电能计量装置。电能计量装置应符合现行行业标准《电能计量装置技术管理规程》DL/T 448 和《电测量及电能计量装置设计技术规程》DL/T 5137 的规定。

6.3.10 光伏发电系统电能计量装置采集的信息宜接入电力部门的电能信息采集系统。

7 施工及安装

7.1 一般规定

7.1.1 建筑光伏发电系统施工前应具备下列条件：

1 建设单位已取得相关的施工许可文件。

2 施工通道应符合材料、设备运输的要求。

3 施工单位的资质、特殊作业人员资质、施工机械、施工材料、计量器具应报监理单位或建设单位审查完毕。

4 施工图已通过会审，设计交底完成，施工组织设计方案已审批完毕。

5 工程定位测量基准应确立。

7.1.2 建筑光伏发电系统施工前，应编制专项施工组织设计方案。

7.1.3 建筑光伏发电系统施工前应结合工程自身特点制定施工安全和职业健康管理方案和应急预案。室外工程应根据需要制定季节性施工措施。施工高空作业防护措施和操作应符合现行国家标准《高处作业分级》GB/T 3608 和现行行业标准《建筑施工高处作业安全技术规范》JGJ 80 的相关规定。

7.1.4 建筑光伏发电系统施工前应做好安全围护措施。

7.1.5 施工所需的进场设备和材料应符合设计和相关标准要求，并应经验收合格后方可使用。

7.1.6 建筑光伏发电系统施工过程中，不得破坏建筑物的结构和建筑物的附属设施，降低建筑物在设计使用年限内承受各种载荷的能力。

7.1.7 测量放线工作除应符合现行国家标准《工程测量规范》GB 50026 的相关规定进行外，还应符合下列规定：

1 建筑光伏发电系统的测量应与主体结构的测量相配合，及时调整、分配、消化测量偏差，不得累计。

2 应定期对安装定位基准进行校核。

3 测量应在风力不大于 4 级时进行。

7.1.8 施工现场临时用电应符合现行国家标准《建筑工程施工现场供用电安全规范》GB 50194 的相关规定。

7.1.9 施工过程记录及相关试验记录应齐全。

7.1.10 施工过程中，屋顶不得用作设备和材料的堆场；施工时，设备和材料在屋顶上临时放置时应均匀分布，并满足屋顶荷载承重要求。

7.1.11 建筑光伏发电系统应对因施工临时破坏的植被和路面等予以按原样恢复。

7.2 土建施工

7.2.1 混凝土工程的施工应符合现行国家标准《混凝土结构工程施工质量验收规范》GB 50204 的相关规定。

7.2.2 钢结构工程的施工应符合现行国家标准《钢结构工程施工质量验收标准》GB 50205 的相关规定。

7.2.3 铝合金工程的施工应符合现行国家标准《铝合金结构工程施工质量验收规范》GB 50576 的相关规定。

7.2.4 在既有建筑屋面的结构层上现浇基座，应做防水处理，并应符合现行国家标准《屋面工程质量验收规范》GB 50207 的规定。

7.2.5 光伏方阵支架的预制基座应摆放平稳、整齐，且不得破坏屋面防水层。

7.3 光伏支架及组件安装

7.3.1 光伏支架的施工应符合现行国家标准《钢结构工程施工质量验收标准》GB 50205、《铝合金结构工程施工质量验收规范》GB 50576 和现行行业标准《采光顶与金属屋面技术规程》JGJ 255、《玻璃幕墙工程技术规范》JGJ 102 的规定。

7.3.2 光伏遮阳连接部件和构件的安装施工应符合现行行业标准《采光顶与金属屋面技术规程》JGJ 255 和《建筑遮阳通用要求》JG/T 274 的相关规定。

7.3.3 结构粘接剂的材料选用和施工应符合现行国家标准《工程结构加固材料安全性鉴定技术标准规范》GB 50728 的相关规定。

7.3.4 建筑光伏发电系统支架与建筑连接部件的安装施工不应降低建筑的防水性能。连接部件施工损坏的建筑防水层应进行修复或采取新的防水处理措施。

7.3.5 光伏支架应按设计要求安装在基座上，位置准确，与基座可靠固定。

7.3.6 支架与建筑连接部件的施工偏差应符合下列规定：

1 混凝土基座的尺寸偏差应符合表 7.3.6-1 的规定。

表 7.3.6-1 混凝土基座尺寸允许偏差

项目名称	允许偏差(mm)
轴线	±10
顶标高	0,−10
截面尺寸	±20

2 锚栓、预埋件的尺寸偏差应符合表 7.3.6-2 的规定。

表 7.3.6-2　锚栓、预埋件尺寸允许偏差

项目名称		允许偏差(mm)
锚栓	中心线	±5
	标高(顶部)	±20,0
预埋钢板	中心线位置	±10
	标高	0,−5

3　金属屋面夹具的尺寸偏差应符合表 7.3.6-3 的规定。

表 7.3.6-3　金属屋面夹具尺寸允许偏差

项目名称	允许偏差(mm)
轴线	±10
顶标高	0～−10
外形尺寸	±5

7.3.7　光伏支架安装应符合下列规定：

1　应在连接部件验收合格后安装光伏支架。采用现浇混凝土基座时，应在混凝土的强度达到设计强度的 70％以上后安装支架。

2　光伏支架安装过程中不应破坏支架防腐涂层。

3　光伏支架安装过程中不应气割扩孔；对热镀锌钢构件，不宜现场切割、开孔。

4　支架安装的尺寸偏差应符合表 7.3.7 的规定。

表 7.3.7　支架安装的尺寸允许偏差

项目名称	允许偏差
中心线偏差(mm)	±2
梁标高偏差(同组)(mm)	±3
立柱面偏差(同组)(mm)	±3
平屋顶支架倾斜角度(°)	±1

7.3.8 现场宜采用机械连接的安装方式。当采用焊接工艺时，焊接工艺应符合下列规定：

1 现场焊接时应对影响范围内的材料和设备采取保护措施。

2 焊接完毕后应对焊缝质量进行检查。

3 焊接表面应按设计要求进行防腐处理。

7.3.9 光伏组件安装除应符合现行国家标准《光伏发电站施工规范》GB 50794 的相关规定外，还应符合下列规定：

1 光伏组件在存放、搬运、吊装等过程中应进行防护，不得受到碰撞及重压。

2 不得在雨中进行光伏组件的连线作业。

3 光伏组件安装后应及时清理组件表面包装物或其他杂物。

4 组件安装的尺寸偏差应符合表 7.3.9 的规定。

表 7.3.9 组件安装的尺寸允许偏差

<table>
<tr><th colspan="2">项目名称</th><th>允许偏差</th></tr>
<tr><td colspan="2">倾斜角度偏差(°)</td><td>按图纸设计要求≤1</td></tr>
<tr><td rowspan="2">阵列平整度(mm)</td><td>相邻组件间</td><td>≤2</td></tr>
<tr><td>东西向全长</td><td>≤1×组件块数</td></tr>
</table>

5 建筑一体化光伏组件的安装还应符合现行行业标准《玻璃幕墙工程技术规范》JGJ 102 、《玻璃幕墙工程质量检验标准》JGJ/T 139、《采光顶与金属屋面技术规程》JGJ 255 和《建筑遮阳通用要求》JG/T 274 的规定。

7.3.10 光伏组件安装后应检查背面散热空间，不得有杂物填塞，通风散热良好。

7.4 电气安装

7.4.1 电气装置的安装应符合现行国家标准《建筑电气安装工程

施工质量验收规范》GB 50303、《电气装置安装工程低压电器施工及验收规范》GB 50254、《电气装置安装工程高压电器施工及验收规范》GB 50147 、《低压电气装置 第5—52部分：电气设备的选择和安装布线》GB/T 16895.6和《建筑物电气装置 第5—51部分：电气设备的选择和安装通用规则》GB/T 16895.18的规定。

7.4.2 电缆线路施工应符合现行国家标准《电气装置安装工程电缆线路施工及验收规范》GB 50168的规定。

7.4.3 电气系统的防雷、接地应符合现行国家标准《电气装置安装工程接地装置施工及验收规范》GB 50169的规定。

7.4.4 二次设备、盘柜的安装及接线除应符合现行国家标准《电气装置安装工程盘、柜及二次回路接线施工及验收规范》GB 50171的规定外，还应符合设计要求。蓄电池的安装应符合现行国家标准《电气装置安装工程蓄电池施工及验收规范》GB 50172的规定。

7.4.5 光伏组串汇流箱的安装应符合下列规定：

1 汇流箱的进出线端与接地端应进行绝缘测试。

2 汇流箱内元器件应完好，连接线应无松动。

3 汇流箱中的开关应处于分断状态，熔断器熔丝不应放入。

4 汇流箱内光伏组件串的电缆接引前，光伏组件侧和逆变器侧应有明显断开点。

5 汇流箱与光伏组件串进行电缆连接时，应先接汇流箱内的输入端子，后接光伏组件接插件。

7.4.6 逆变器的安装应符合下列规定：

1 逆变器应安装在清洁、通风、干燥、无直晒的地方，安装场地环境温度宜为－25 ℃～50 ℃，大气湿度不应超过95％，且应无凝露。

2 不应将逆变器安装在高温发热、易燃易爆物品及腐蚀性化学物品附近。

3 安装位置应足够坚固且能长时间支撑逆变器的重量，确保不会晃动。

4 接线及安装应符合逆变器产品手册要求，并确保逆变器的接地装置安装合理。

5 逆变器柜体应进行接地，单列柜与接地扁钢之间应至少选取两点进行连接。

7.4.7 并网箱的安装应符合下列规定：

1 并网箱应安装在当地电网公司认可的安装位置且所安装建筑部位的承重满足要求。

2 应按并网箱实际安装孔位置竖直牢固固定。

3 并网箱至并网点连接电缆如为铝电缆时应配铜铝转换接头，以免出现电腐蚀。

4 并网箱内增设电表及采集器应遵守当地电网公司要求。

5 接线及安装应符合并网箱产品手册要求，并确保并网箱的接地装置安装合理。

7.4.8 电缆线路的施工应符合现下列规定：

1 直流光伏电缆和光伏连接器应排列整齐、绑扎固定牢固，电缆与连接器连接处不应弯曲拉扯过紧，应松紧适度，组件间的直流光伏电缆宜采用绝缘金属轧带固定在支架上。

2 直流光伏电缆宜采用“太阳能直流/PV 电缆”字样或特殊颜色进行标识。

3 光伏方阵间的连接电缆宜采用阻燃型 PVC 管进行保护，对室外、穿越楼板、屋面和墙面的电缆，其防水套管与建筑物主体间的间隙，应采用防火材料密封。

4 电缆允许的最小弯曲半径应符合电缆绝缘及其构造特性要求，电缆敷设应符合现行国家标准《电气装置安装工程电缆线路施工及验收标准》GB 50168 的规定。

5 电缆桥架宜高出地面 2.5 m 以上，桥架顶部距顶棚或其他障碍物不宜小于 0.3 m，桥架内横断面的填充率应符合设计要求。

6 敷设在线槽内的缆线宜顺直不交叉，缆线不应溢出线槽，缆线进出线槽、转弯处应绑扎固定。

7 电缆敷设应避开物品尖锐边缘，不同回路、不同电压的交流与直流电线不应敷设于同一保护管内，且管内电缆不应有接头，穿管布线宜避开高温发热物体。

8 通信电缆应采用屏蔽线，不宜与强电电缆共同敷设，线路不宜敷设在易受机械损伤、有腐蚀性介质排放、潮湿以及有强磁场和强静电场干扰的区域，不宜平行敷设在高温工艺设备、管道的上方和具有腐蚀性液体介质的工艺设备、管道的下方；宜使用钢管屏蔽；通信电缆与其他低压电缆合用桥架时，应各置一侧，中间宜采用隔板分隔。

7.4.9 环境监测仪的安装应符合下列规定：

1 环境温度传感器应安装在能反映环境温度的位置。

2 太阳辐射传感器应安装稳固，安装位置应全天无遮挡，安装垂直度偏差不应超过2°。

3 风向传感器和风速传感器水平安装时，偏差不应超过2°。

4 各类环境监测仪的安装位置应避开建筑的排气口和通风口，安装前应查看安装位置的通信信号，不应在金属箱内或紧贴大面积金属安装。

8　检测与调试

8.1　一般规定

8.1.1　在建筑光伏发电系统施工安装过程中应进行现场检查及测试，检查和测试宜在单项工程施工结束，系统回路通电之前进行。当电缆布线在组件安装后不容易接近时，应在组件安装之前或期间检查布线。

8.1.2　光伏发电系统电气设备的现场测试应符合现行国家标准《低压电气装置　第6部分：检验》GB/T 16895.23的规定，现场检测所用测量仪器和监测设备及测试方法应符合现行国家标准《交流1 000 V和直流1 500 V以下低压配电系统电气安全防护措施的试验、测量和监控设备》GB/T 18216相关部分的要求。

8.1.3　光伏发电系统的交流并网设备的检测与调试应符合现行国家标准《电气装置安装工程电气设备交接试验标准》GB 50150的要求。

8.1.4　并入公共电网的建筑光伏发电系统，在试运行后可按照现行国家标准《光伏发电站接入电网检测规程》GB/T 31365的要求进行并网检测，光伏系统并网性能应满足现行国家标准《光伏发电站接入电力系统技术规定》GB/T 19964的规定。

8.2　检查与测试

8.2.1　建筑光伏发电系统现场检查应分部分项进行，检查项目和要求应符合本标准附录 A 的规定。

8.2.2 建筑光伏发电系统电气安装过程和完工后应开展安全性测试,安全性测试可按本标准附录 B 执行。对安装容量大于 8 kWp 的光伏发电系统,安全性测试应包括下列项目:

1 保护接地和/或等电位连续性检测。

2 极性测试。

3 光伏组串-开路电压测试。

4 光伏组串-短路电流测试。

5 光伏方阵绝缘电阻值测试。

6 光伏组件和其他电气设备的红外测试。

8.2.3 建筑光伏发电系统电气安装过程中和完工后,应根据合同要求,开展性能测试,性能测试可包括下列项目:

1 光伏组串功率及一致性测试。

2 光伏组件电致发光 EL 检查。

3 光伏发电系统效率。

8.3 系统调试

8.3.1 建筑光伏发电系统的调试应由具有相应资质的专业机构和人员负责,并制定相应的调试计划。

8.3.2 建筑光伏发电系统调试前土建工程和机电安装工程应已分部分项检查和测试合格,并具备如下条件:

1 电力线路已经与电网接通,并通过冲击试验。

2 通信系统与电网调度机构连接正常。

3 发电系统各保护开关动作正常。

4 天气晴朗,光伏方阵面上最大太阳总辐射强度应不低于 600 W/m^2。

8.3.3 建筑光伏发电系统应先调试光伏发电系统交流并网侧,再以逆变器为单元,分单元调试光伏方阵和逆变器,直至整个建筑光伏发电系统调试合格。

8.3.4 建筑光伏发电系统调试应包括但不限于下列项目：

1 系统整套启动。

2 逆变器单体启动和停机。

3 分系统启停。

4 主要设备和部件功能性检查。

8.3.5 建筑光伏发电系统调试完成后，应进行试运行。试运行期间应在辐照良好的天气下由专业技术人员对系统进行不低于 24 h 的连续监测，设备的运行参数均应符合设备规格和设计规定要求。

9 消 防

9.1 一般要求

9.1.1 建筑光伏发电系统的防火设计应符合现行国家标准《建筑设计防火规范》GB 50016、《建筑内部装修设计防火规范》GB 50222、《消防给水及消火栓系统技术规范》GB 50974 和《火灾自动报警系统设计规范》GB 50116 的规定。

9.1.2 当安装光伏组件的建筑屋顶采用可燃防水材料直接铺设在可燃保温材料或者可燃屋面板上时，防水材料上应有不燃材料作为防火保护层。

9.1.3 在既有建筑物上增设光伏发电系统时，不得影响消防疏散通道和消防设施的使用。

9.2 防 火

9.2.1 建筑一体化光伏发电系统的组件及其支撑结构的燃烧性能和耐火极限应满足所在建筑物部位的耐火等级要求。

9.2.2 当建筑光伏发电系统的逆变器、开关柜、监控系统等设备采用室内布置时，设备所安装房间的火灾危险性分类及耐火等级应符合现行国家标准《光伏发电站设计规范》GB 50797 的规定。

9.2.3 光伏幕墙的防火构造应符合现行行业标准《玻璃幕墙工程技术规范》JGJ 102 的相关要求，同一光伏幕墙组件不应跨越建筑物的两个防火分区。

9.2.4 建筑光伏发电系统的汇流箱、逆变器、开关柜、配电箱、计量柜等应采用金属外壳。

9.2.5 建筑光伏发电系统所用设备和材料的防火性能应符合现行国家标准《建筑光伏系统应用技术标准》GB/T 51368 的规定。

9.3 消防设施

9.3.1 建筑光伏发电系统的消防给水、灭火设施、火灾监控和报警系统的设置应与所安装建筑的消防设施统筹考虑，并纳入所在建筑整体消防系统中，且满足现行国家标准《建筑设计防火规范》GB 50016 的规定。

9.3.2 建筑光伏发电系统的控制室、电气设备间和电缆竖井内火灾探测器的选择和布置应符合现行国家标准《光伏发电站设计规范》GB 50797 的规定。

9.3.3 建筑光伏发电系统灭火器的设置应符合现行国家标准《建筑灭火器配置设计规范》GB 50140 和《光伏发电站设计规范》GB 50797 的规定。

10 工程验收

10.1 一般规定

10.1.1 光伏发电系统工程完工时应进行专项工程验收。

10.1.2 光伏发电系统工程验收应根据其施工安装特点进行分项工程验收和竣工验收。

10.1.3 验收应该在施工单位自检合格的基础上,由建设单位组织相关参建单位负责人进行验收。

10.1.4 光伏发电系统工程验收前,应在安装施工中完成下列隐蔽项目的现场验收:

1 预埋件或后置螺栓(或锚栓)连接件。

2 基座、支架、光伏组件四周与主体结构的连接节点。

3 基座、支架、光伏组件四周与主体围护结构之间的建筑构造做法。

4 系统防雷与接地保护的连接节点。

5 隐蔽安装的电气管线工程。

6 需要进行防水处理的工程节点。

10.1.5 所有验收应做好记录,签署文件,立卷归档。

10.2 分项工程验收

10.2.1 分项工程验收应根据工程施工特点分阶段进行。

10.2.2 分项工程应由建设单位技术负责人,组织施工单位技术负责人等进行验收。

10.2.3 各分项工程完工后的检查，应经检查合格，并签署验收记录后，才能进行下一工序的施工。

10.2.4 建筑光伏发电系统分项工程检验批质量验收及合格标准应符合现行国家标准《建筑光伏系统应用技术标准》GB/T 51368 的要求。

10.2.5 各分项工程的质量验收记录应完整。

10.3 竣工验收

10.3.1 光伏发电系统工程应在竣工验收合格后，才能正式投入使用。

10.3.2 施工单位应先自检确认具备竣工验收条件后，方可提出正式竣工验收申请。

10.3.3 施工单位按照批准的设计文件所规定的内容建成，并符合竣工验收条件的，建设单位应组织有关单位进行竣工验收。竣工验收流程按下列要求执行：

1 施工单位向建设单位发出《竣工验收申请书》。

2 由建设单位组织相关方共同参加，进行验收。

3 在建设单位验收完毕，并确认工程符合竣工标准和合同条款规定要求后，签发《工程竣工验收报告》，并办理工程移交。

10.3.4 竣工验收应提交下列资料：

1 批准的设计文件、设计变更文件、竣工图。

2 主要设备、材料、成品、半成品、仪表的出厂合格证明或检验资料。

3 各分项工程过程验收记录、隐蔽工程验收记录。

4 光伏发电系统调试和试运行记录。

5 操作手册、设备使用维护说明书、质量保证书。

6 其他工程质量资料。

11 运行维护

11.1 一般规定

11.1.1 建筑光伏发电系统正式投运前，应建立各类管理制度和编制运行与维护规程，并对运行与维护人员进行培训，运行与维护人员应具有相应的专业技能。

11.1.2 建筑光伏发电系统的运行维护宜选择在早晚或阴天进行。系统维护前应做好安全准备，并切断所有应断的开关。

11.1.3 建筑光伏发电系统的运行维护应配备必要工具、防护用品、测量设备和仪表。

11.1.4 建筑光伏发电系统运行维护应配备系统运行所需要的备品备件，备品备件应合格、适用且在有效使用年限内。运行维护应保证系统运行在正常使用的范围之内，达不到要求的部件应及时维修或更换。

11.1.5 建筑光伏发电系统使用期达到设计寿命年限后，应经安全性检测和评估合格后，才能继续使用。

11.1.6 建筑光伏发电系统宜采用智能化运维设备，以提高运维效率和提升运维效果。

11.1.7 建筑光伏发电系统中的计量装置应定期进行校验。

11.1.8 建筑光伏发电系统运行与维护应符合现行国家标准《建筑光伏系统应用技术标准》GB/T 51368 的相关规定。

11.1.9 对可能发生事故和危及人身安全的场所均应设置安全标志或涂安全色，安全标志或涂安全色应符合现行国家标准《安全色》GB/T 2893、《安全标志》GB/T 2894 和《安全标志使用导则》GB/T 16179 的有关规定。

11.2 巡检、运行和维护

11.2.1 建筑光伏发电系统的巡检和维护周期应满足下列要求：

1 应每季度进行 1 次常规检查，每年进行 1 次专业检查。

2 在极端天气来临前应加强巡检，并采取相应防护措施。极端天气以后，建筑光伏发电系统重新投运前应对系统进行全面检查。

3 建筑光伏发电系统各组成设备或部件有维护周期要求时，按要求执行。

4 电力系统有相关规定时，按照电力系统的相关规定执行。

11.2.2 建筑光伏发电系统的常规检查应包括下列项目：

1 光伏组件、逆变器、汇流箱等设备外观检查。

2 光伏方阵阵列面遮挡检查。

3 户外线缆的敷设和保护措施的检查。

4 电气设备的运行环境和外观检查。

5 铭牌、标识等检查。

11.2.3 建筑光伏发电系统的专业检查应包括下列项目：

1 光伏组件和支架、电缆支架、设备支架等的紧固性、腐蚀性检查。

2 设备内部接线端子、部件、导体检查。

3 开关、断路器等检查。

4 保护接地和/或等电位连续性检测。

5 光伏发电系统直流侧绝缘检测。

6 光伏组件以及其他电气设备的红外检测。

11.2.4 光伏方阵阵列面应定期清洗，清洗周期宜根据安装地点大气环境质量和降雨情况确定。

11.2.5 运行维护人员在运行和巡视检查中发现的异常应及时处理；对检查情况和发现的问题应做好记录，并经专业分析判断后作出维护指导。

11.2.6 设备故障停机、保护熔丝熔断、保护装置动作后应排除故障，并检测合格后方可重新启动。

11.2.7 运行维护人员对建筑光伏发电系统的运行监控、日常维护、故障及处理等应做好记录工作，记录应以书面或电子文档的形式妥善保存。

11.2.8 运行记录应包括光伏组件串、汇流箱、逆变器、配电装置、电能计量装置等设备的运行状态与运行参数等。

附录A 建筑光伏发电系统现场检查项目和要求

A.0.1 混凝土基础、屋顶混凝土结构块或承压块及砌体应符合下列要求：

1 外表应无严重的裂缝、蜂窝麻面、孔洞、露筋情况。

2 所用混凝土的强度符合设计规范要求。

3 砌筑整齐平整，无明显歪斜、前后错位和高低错位。

4 与建(构)筑物连接符合设计要求，连接处做好防腐和防水处理，屋顶防水结构未见明显受损。

5 配电箱、逆变器等设备壁挂安装于墙体时，墙体结构承载应满足要求。

6 如采用结构胶粘结地脚螺栓，连接处应牢固无松动。

7 预埋地脚螺栓和螺母、垫圈三者匹配，预埋地脚螺栓的螺纹和螺母完好无损，安装平整、牢固、无松动，防腐处理规范。

8 屋面保持整洁，无积水、油污和杂物；通道、楼梯、平台通畅。

A.0.2 现场检查光伏组件应符合下列要求：

1 组件标签同设计文件、采购文件和认证证书保持一致。

2 组件安装按设计图纸进行，组件方阵与方阵位置、连接数量和路径应符合设计要求。

3 组件方阵平整美观，平面和边缘无波浪形。

4 光伏组件不得出现破碎、开裂、弯曲或外表面脱附，包括上层、下层、边框和接线盒。

A.0.3 光伏连接器应符合下列要求：

1 外观完好，表面不得出现破损裂纹。

2 接头压接牢固，固定牢固，不得出现明显下垂的现象。

3 不得放置于积水区域。

4 不得出现两种不同厂家的光伏连接器连接使用的情况。

A.0.4 光伏支架应符合下列要求：

1 外观及防腐层完好，不得出现明显受损情况。

2 紧固件锁紧无松动和弹垫未压平现象。

3 支架安装整齐，不得出现明显错位、偏移和歪斜。

4 支架及紧固件材料防腐处理符合规范要求。

A.0.5 电缆外观与标识应符合下列要求：

1 外观完好，表面无破损，重要标识无模糊脱落现象。

2 电缆两端应设置规格统一的标识牌，字迹清晰、不褪色。

A.0.6 电缆敷设应符合下列要求：

1 电缆应排列整齐和固定牢固，采取保护措施，不得出现自然下垂现象；电缆原则上不应直接暴露在阳光下，应采取桥架、管线等防护措施或使用辐照型电缆。

2 单芯交流电缆的敷设应严格符合相关标准要求，以避免涡流现象的产生，严禁单独敷设在金属管或桥架内。

3 双拼和多拼电缆的敷设应严格保证路径同程、电气参数一致。

4 电缆穿越隔墙的孔洞间隙处，均应采用防火材料封堵。各类配电设备进出口处均应封堵密封良好。

A.0.7 电缆连接应符合下列要求：

1 应采用专用的电缆中间连接器，或设置专用的电缆连接盒(箱)。

2 当采用铝或铝合金电缆时，在铜铝连接时，应采用铜铝过渡接头。

3 直流侧的连接电缆，采用光伏专用电缆。

A.0.8 桥架与管线应符合下列要求：

1 布置整齐美观，转弯半径应符合规范要求。

2 桥架、管线与支撑架连接牢固无松动，支撑件排列均匀、连接牢固稳定。

3 屋顶和引下桥架盖板应采取加固措施。

4 桥架与管线及连接固定位置防腐处理符合规范要求，不得出现明显锈蚀情况。

5 屋顶管线不得采用普通 PVC 管。

A.0.9 汇流箱应符合下列要求：

1 应在显要位置设置铭牌、编号、高压警告标识，不得出现脱落和褪色。

2 箱体外观完好，无形变、破损迹象。箱门表面标志清晰，无明显划痕、掉漆等现象。

3 箱体门内侧应有接线示意图，接线处应有明显的规格统一的标识牌，字迹清晰、不褪色。

4 箱体安装应牢固可靠，且不得遮挡组件，不得安装在易积水处或易燃易爆环境中。

5 箱内接线牢固可靠，压接导线不得出现裸露铜丝，箱外电缆箱外电缆不应直接暴露在外。

6 汇流箱安装方向准确，雨水不会通过箱门、孔洞进入箱体内。

7 箱门及电缆孔洞密封严密，未使用的穿线孔洞应用防火泥封堵。

8 箱体宜有防晒措施。

A.0.10 逆变器的标识与外观检查应符合下列要求：

1 应在显要位置设置铭牌，型号与设计一致，清晰标明负载的连接点和直流侧极性；应有安全警示标志。

2 外观完好，不得出现损坏和变形，无明显划痕、掉漆等现象。

3 有独立风道的逆变器，进风口与出风口不得有物体堵塞，散热风扇工作应正常。

4 所接线缆应有规格统一的标识牌，字迹清晰、不褪色。

A.0.11 逆变器的检查应符合下列要求：

1 应安装在通风处，附近无发热源，且不得安装在易积水处和易燃易爆环境中。

2 现场安装牢固可靠，安装固定处无裂痕。

3 壁挂式逆变器与安装支架的连接应牢固可靠，不得出现明显歪斜，不得影响墙体自身结构和功能。

4 箱门及电缆孔洞密封严密，未使用的穿线孔洞应用防火泥封堵。

5 室外安装逆变器安装方向应准确，雨水不得通过箱门、孔洞进入箱体内。

6 室外安装逆变器箱体宜有防晒措施。

A.0.12 逆变器的接线检查应符合下列要求：

1 接线应牢固可靠。

2 接头端子应完好无破损，未接的端子应安装密封盖。

A.0.13 防雷与接地应符合下列要求：

1 接地干线应在不同的两点及以上与接地网连接或与原有建筑屋顶防雷接地网连接。

2 接地干线（网）连接、接地干线（网）与屋顶建筑防雷接地网的连接应牢固可靠。铝型材连接需刺破外层氧化膜；当采用焊接连接时，焊接质量符合要求，不应出现错位、平行和扭曲等现象，焊接点应做好防腐处理。

3 带边框的组件、所有支架、电缆的金属外皮、金属保护管线、桥架、电气设备外露壳导电部分应与接地干线（网）牢固连接，并对连接处做好防腐处理措施。

4 接地线不应作其他用途。

A.0.14 巡检通道设置应符合下列要求：

1 屋顶应设置安全便利的上下屋面检修通道。

2 光伏阵列区应有设置合理的日常巡检通道，便于组件维护和冲洗。

3 巡检通道设置屋面保护措施，以防止巡检人员由于频繁踩踏而破坏屋面。

A.0.15 监控装置设置应符合下列要求：

1 环境监控仪安装位置无遮挡并可靠接地，固定牢固无松动。

2 敷设线缆整齐美观，外皮无损伤，线扣间距均匀。

3 终端数据与逆变器、汇流箱数据一致，参数显示清晰，数据不得出现明显异常。

4 数据采集装置和电参数监测设备宜有防护装置。

A.0.16 水清洁系统应符合下列要求：

1 如清洁用水接自市政自来水管网，应采取防倒流污染隔断措施。

2 管道安装牢固，标示明显，无漏水、渗水等现象发生；水压符合要求。

3 保温层安装正确，外层清洁整齐，无破损。

4 出水阀门安装牢固，启闭灵活，无漏水、渗水现象发生。

A.0.17 建筑光伏发电系统的电气设备房及内部安装设备的现场检查项目和具体要求应符合现行国家标准《光伏发电工程验收规范》GB/T 50796 的规定。

附录B 安全性测试

B.1 一般规定

B.1.1 安全性测试应在电气安装期间和完工之后开展,应主要关注已安装部件的技术参数是否符合相关的安全性要求。安全性测试应通过光伏发电系统相关的参数测量来实现,如电压、电流、绝缘测试等。

B.1.2 在安全性测试中,用到的测试工具应符合以下要求:

1 接地电阻测试设备:应能够测试不同接地点之间的连续性。

2 万用表或电压表:应能够测量系统工作电压。

3 电流表:应能测量系统的工作电流。

4 绝缘电阻测试仪:应能够根据不同系统电压等级测试其绝缘电阻。

B.1.3 测试设备的测量范围和准确度应符合表B.1.3的要求。

表 B.1.3 测试设备的测量范围和准确度

设备名称	测量范围	准确度	单位
电流钳		±0.5	A (DC) / A (AC)
万用表/电压表	0～1 500	±1	V (DC) / V (AC) 50 Hz / 60 Hz
接地电阻测试仪	0～3 000	±0.1	DC Ohm (Ω) / AC Ohm (Ω)
绝缘电阻测试仪	0～1 000	±1	MOhm (Ω)

B.1.4 涉及安全性测试的测试设备均应经过校准和定期的设备维护，校正周期应不超过每年1次，并由具备相关资质的人员进行操作使用。

B.2 保护接地和/或等电位连续性

B.2.1 保护接地和/或等电位连续性测试应符合下列要求：

1 直流侧的保护性接地装置，例如组件边框的连接、组件边框与支架的连接以及电气设备的对地连续性应进行测试。

2 建筑光伏发电系统应测试确认建筑本体的接地，测试阻值应满足接地电阻小于4Ω，接地连续性测试电阻不高于0.1Ω的要求。

B.3 极性测试

B.3.1 所有的直流线缆极性均应使用合适的测试仪器确认。

B.3.2 极性确认之后，应仔细检查线缆，保证其能被准确地区分并正确地连接到开关或逆变器中。

B.4 光伏组串-开路电压测试

B.4.1 光伏组串-开路电压测试应包括以下内容：

1 检测组件接线是否正确。

2 检测连接的组件数量同每一个组串要求是否相匹配。

3 检测单块组件或多块组件极性是否正确。

4 检测组件的旁路二极管是否因绝缘问题导致的短路或故障。

5 检测组件损坏或接线盒内部是否有水分累积。

B.4.2 光伏组串-开路电压测试结果不应用于评价组件性能。

B.5 光伏组串-短路电流测试

B.5.1 光伏组串-短路电流测试应符合以下要求：

1 光伏组串的短路电流应使用合适的测试仪器。

2 精确的测试短路电流方式是I-V曲线测试，I-V曲线测试也可同时作为评价组件性能的参考依据。

B.5.2 光伏组串-短路电流测试结果不能用于评价组件性能。

B.6 光伏方阵绝缘电阻值测试

B.6.1 光伏方阵绝缘电阻值测试应符合以下要求：

1 光伏方阵直流部分在有光照的情况下带电，测试前无法隔离，应注意安全。

2 本测试可采用在大地与正负极之间测试的方法来进行。

B.6.2 执行本项测试具有电击的危险，应采取以下防护措施：

1 隔离工作区域，限制非授权人员进入测试区域。

2 执行测试时，避免其他人以及测试者本人身体的任何地方碰触金属表面。

3 执行测试时，避免其他人及测试人员身体的任何部位接触组件的背面或接线端子。

4 隔离光伏方阵和光伏逆变器。

5 在接线盒或汇流箱中断开所有可能影响绝缘测试的设备，例如过压保护装置等。

6 按照绝缘电阻测试仪的设备说明书来保证测试数显示以MΩ为单位。

B.7 光伏组件和其他电气设备的红外测试

B.7.1 红外测试热成像可用于判定“热斑”或者其他的导致光伏组串低效运行的光伏组件故障，以确保建筑光伏发电系统和组成部件的质量。

B.7.2 红外测试热成像测试宜包括以下内容：

1 检测导线端子接触不良。

2 检测线缆接触不良。

3 检测组件旁路二极管的破损。

4 检测设备内部导体、器件过热。

5 检测逆变器的过热。

6 检测变压器的运行温度过高。

B.7.3 红外检测所需的设备宜包括如下：

1 温度测量设备。

2 太阳辐射水平测量设备。

3 红外相机。

4 测距仪，可选。

5 数码相机，可选。

B.7.4 对测试用红外相机应符合如下要求：

1 光谱相应范围：2 μm～5 μm（中波段），8 μm～14 μm（长波段）。

2 测温范围（校准范围）：－20 ℃～ ＋120 ℃。

3 操作环境温度：－20 ℃～ ＋40 ℃。

4 热敏感度：0.5 ℃。

5 测温绝对误差：≤2.0 ℃。

6 建议具备分析功能：单点温度显示，区域温度求平均，最大温度显示。

7 建议校准周期：依据厂家建议或者至少每 2 年 1 次，以保证追溯性。

8 设备存储:具备照片存储和导出功能。

B.7.5 红外检测过程环境条件的测试设备应符合如下要求:

1 辐照度传感器:总辐射表或晶硅参考电池片,精准度±5%。

2 环境温度:温度计,精准度±2.0 ℃。

B.7.6 红外检测应在光伏阵列正常运行的时进行,且符合如下要求:

1 光伏方阵面的辐照度应大于400 W/m^2而且处于相对稳定状态;如果条件允许,光伏方阵面的辐照度宜大于600 W/m^2,以确保可以产生足够的电流从而产生可以辨别区分的温度差异。

2 应注意红外相机视角和组件玻璃表面的反射,天上的云层也可能会影响红外图像。

B.7.7 红外检测测量结果的分析评估应考虑多种因素,并应记录如下信息:

1 环境温度。

2 辐射度水平或者其他参数可以描述测试样品的工作负荷情况。

3 被测样品描述以及位置,以方便现场确认。

4 地点、日期、时间。

5 相机信息。

本标准用词说明

1　为了在执行本标准条文时区别对待，对要求严格程度不同的用词说明如下：

1）表示很严格，非这样做不可的用词：
正面词采用“必须”；
反面词采用“严禁”。

2）表示严格，在正常情况下均应这样做的用词：
正面词采用“应”；
反面词采用“不应”或“不得”。

3）表示允许稍有选择，在条件许可时首先应这样做的用词：
正面词采用“宜”；
反面词采用“不宜”。

4）表示有选择，在一定条件下可以这样做的用词，采用“可”。

2　条文中指定应按其他有关标准、规范执行的写法为“应符合……的规定”或“应按……执行”。

引用标准目录

1 《安全色》GB/T 2893
2 《安全标志》GB/T 2894
3 《油浸式电力变压器技术参数和要求》GB/T 6451
4 《干式电力变压器技术参数和要求》GB/T 10228
5 《继电保护和安全自动装置技术规程》GB/T 14285
6 《安全标志使用导则》GB/T 16179
7 《光伏发电站接入电力系统技术规定》GB/T 19964
8 《三相配电变压器能效限定值及能效等级》GB 20052
9 《电力变压器能效限定值及能效等级》GB 24790
10 《光伏发电系统接入配电网技术规定》GB/T 29319
11 《光伏发电站无功补偿技术规范》GB/T 29321
12 《光伏发电站监控系统技术要求》GB/T 31366
13 《光伏发电站防雷技术要求》GB/T 32512
14 《光伏发电站汇流箱技术要求》GB/T 34936
15 《光伏发电并网逆变器技术要求》GB/T 37408
16 《建筑设计防火规范》GB 50016
17 《钢结构设计标准》GB 50017
18 《低压配电设计规范》GB 50054
19 《爆炸危险环境电力装置设计规范》GB 50058
20 《3～110 kV 高压配电装置设计规范》GB 50060
21 《交流电气装置的过电压保护和绝缘配合设计规范》GB/T50064
22 《交流电气装置的接地设计规范》GB/T 50065。

23 《电气装置安装工程　电缆线路施工及验收标准》GB 50168
24 《钢结构工程施工质量验收标准》GB 50205
25 《电力工程电缆设计标准》GB 50217
26 《并联电容器装置设计规范》GB 50227
27 《民用建筑设计统一标准》GB 50352
28 《光伏发电工程施工组织设计规范》GB/T 50795
29 《光伏发电站设计规范》GB 50797
30 《建筑光伏系统应用技术标准》GB/T 51368
31 《光伏发电系统用电缆》CEEIA B218
32 《光伏发电站防雷技术规程》DL/T 1364
33 《导体和电器选择设计技术规定》DL/T 5222
34 《光伏并网逆变器技术规范》NB/T 32004
35 《光伏发电系统用电缆》NB/T 42073

上海市工程建设规范

建筑太阳能光伏发电应用技术标准

DG/TJ 08—2004B—2020

J 11326—2020

条 文 说 明

2021 上海

目　次

Contents

1 总 则

1.0.1 本标准旨在规范上海市与建筑相结合的太阳能光伏发电系统的设计、安装、验收及运行，积极推广光伏发电在建筑上的规模化应用。

1.0.2 与建筑相结合的并网型光伏发电系统，从并网点位置上看，可分为用户侧并网光伏系统和电网侧并网光伏系统，其所接入的电网为交流电网，本标准不适用于并入直流电网的光伏发电系统。

上海地区经济发达，电网建设完善，故不推荐采用离网型光伏发电系统。

与光伏发电系统相结合的建筑按照使用功能可划分为居住建筑、公共建筑、工业建筑和农业建筑。

1.0.3 光伏发电系统在建筑上的应用是一门综合技术，涉及光伏、电力、建筑等多个行业，这些行业的相关国家、行业标准都须遵守，尤其是强制性条文。

2 术 语

2.0.1 建筑光伏发电系统是指与建筑物相结合的光伏发电系统，其主要特征是光伏组件安装在建筑物上。光伏发电系统在建筑上应用的形式有两种：建筑一体化光伏发电和建筑附加光伏发电。

2.0.2 光伏构件是指既有建筑构件功能又有光伏发电特性的光伏组件，例如光伏瓦、光伏窗、光伏幕墙、光伏栏杆等。

2.0.3 建筑一体化光伏发电是光伏组件作为建筑部品或构件在建筑物上安装应用，光伏发电与建筑深度融合，建筑美观度好，材料利用率高，但也存在系统造价高、检修不方便等不足。

2.0.4 建筑附加光伏发电是指光伏组件以附加物的方式安装在建筑物上，不具有建筑部件功能的光伏发电系统的应用形式，其优缺点与建筑一体化光伏发电正好相反。

3 基本规定

3.0.1 拟安装光伏发电系统的新建建筑物，从建筑设计之初就应考虑光伏发电的有效利用，并为光伏设备安装提供便利和设施共用。为此，需要将光伏发电系统纳入建筑规划和设计中，要做到统一规划、同步设计。同步施工和验收可以为光伏发电与房屋建设相互配合创造条件，有利于提高工程建设质量。

3.0.3 建筑物的火灾危险性等级分类按现行国家标准《建筑设计防火规范》GB 50016 的规定，爆炸和火灾危险环境的划分按现行国家标准《爆炸危险环境电力装置设计规范》GB 50058 的规定。甲、乙类厂房和仓库内使用或储存的物品火灾危险性高，故不安装光伏发电系统。

3.0.4 为了避免与周围临近其他业主的建筑物之间因日照引起纠纷，应在光伏发电系统建设初期进行日照环境影响分析。

3.0.5 为保障安全，在既有建筑物上增设或改建光伏发电系统时，必须要由相应资质的单位进行建筑物结构和电气的安全性复核。

3.0.6 建筑一体化光伏发电系统中的光伏组件同时具有建筑构件功能，故光伏组件既要满足电气性能，又要符合建筑使用性能的要求。

3.0.7 为了保证建筑光伏发电系统寿命期内安全可靠运行，组件、逆变器、组串汇流箱以及光伏发电系统相关的其他电气部件要通过国家批准的认证机构的产品认证。

3.0.8 本条源于国家标准《光伏与建筑一体化发电系统验收规范》GB/T 37655—2019 中的第 6.7 条。光伏与建筑一体化发电系统可能存在直流高压，应根据直流电压范围将光伏与建筑一体化发电系统分成不同区域，并根据不同风险等级采取不同安全措施。直流侧电压大于120 V但小于等于600 V的区域，被定义为风险区，当建筑光伏发电系统的直流侧有暴露在组件阵列之外超过1 m的直流电缆时，必须采用下列安全保护措施：建立直流高压警示标志；安装直流开关；直流电缆需加金属外套；具有控制光伏系统快速关断的功能。直流侧电压等级小于等于120 V的区域，无需采取安全防护措施。

3.0.9 安装后进行相关的检查、测试、调试和验收，是光伏发电系统并网后安全运行的基本保证。同时，移交时应提供相关的工程文件资料，有利于后续光伏发电系统运维的正常开展。

4 光伏发电系统设计

4.1 光伏发电系统配置

4.1.1 用户侧并网的建筑光伏发电系统要充分利用用户内部的配电网;并入公共电网的建筑光伏发电系统并网点一般都为一个,故要集中后统一并网。

4.1.2 由于光伏组件功率是逐年衰减的,且上海市太阳辐照度一般都小于组件标准辐照强度,另外光伏发电系统从组件到逆变器存在各项损耗,为了使逆变器和其后升压并网设备容量得到充分利用,故提出在光伏发电系统设计时应考虑光伏组件安装容量相对逆变器额定容量优化配比的要求。要通过对光伏方阵安装容量与逆变器额定容量之间的不同配比方案的研究,经全寿命周期内技术经济比较,来获得最佳的容量配比值。

4.1.3 接入逆变器同一最大功率点跟踪回路的各光伏组件串在工作状态下的电压要尽量保持一致,以减少组串之间的不均衡损失。

4.1.4 光伏发电系统直流侧电压等级常用的有 600 V、1 000 V、1 500 V 等,建筑光伏系统设计时要根据系统建设规模、建筑物分布等情况选择合适的直流侧电压等级。系统直流侧的设备与材料的耐压要满足各种工况下电压要求。

4.1.5 建筑部位采用可燃性承重构件,例如木结构屋顶、木结构房屋等,当发生火灾时容易坍塌,为了提高安全性以及火灾扑救人员安全,故提出本条配置要求。

4.1.6 考虑到紧急状态时在通流回路下使用安全，直流侧光伏方阵的开断装置应具有灭弧能力。

4.2 主要设备选择

4.2.1 电气设备选择应满足安全可靠、便于运维、符合使用环境等要求。

4.2.8 光伏发电系统所配置的直流电弧保护装置应满足相应的功能要求。

4.3 光伏方阵

4.3.5，4.3.6 光伏方阵设计安装除了要考虑技术经济性和资源充分利用以外，还要与建筑环境、建筑美观和城市规划相协调。

4.3.10 在进行光伏方阵布置时，要完全避开周边遮光障碍物的遮挡有时候是不可能的，因此要尽量减少周边环境、景观设施和绿化种植等对其遮挡，一般情况下要满足冬至日 9:00—15:00 真太阳时段内不产生阴影遮挡要求。

4.4 电气主接线和设备配置

4.4.1 光伏发电系统主接线设计的基本要求：①主接线设计的首要要求是可靠性，发生故障的概率要低、停电范围小、恢复供电快；②能适应负荷水平的变化，实现负载的转接，提高系统的运行效果；③在确保供电质量可靠的前提下，实现无人值守；④相同规格的电站尽量采用标准化设计。本次修订将防孤岛要求调整至第 4.5.2 条。

4.4.5 本条所说的直流系统，系指有升压系统的大型集中并网型光伏发电系统中有操作和保护系统的直流电源。本条所说的蓄电池，系指用于操作和保护系统直流电源的设备，蓄电池宜采用储能型蓄电池。

4.4.7 当配合集中式逆变器采用双分裂变压器时，该变压器两个低压绕组间的穿越阻抗不宜过小，具体限值应符合集中式逆变器的参数要求，不同设备厂家会有所差异。

4.4.11 直流汇流箱、组串式逆变器靠近光伏方阵室外布置，在建筑发生火灾等紧急情况下可以切断带电直流导线进入室内，以尽可能保证室内灭火人员安全。

4.5 电气二次及监控系统

4.5.1 建筑光伏发电系统容量小、电压低，交流母线故障率低且影响范围小，故交流母线可不设专用母线保护。发生母线故障时，可通过切除母线上的电源回路来切除故障。

4.6 过电压保护和接地

4.6.1 本条明确了安装光伏发电系统的建筑应按建筑防雷要求考虑。

4.6.5 本条明确了对光伏组件金属框架或夹具接地要求。带金属边框的光伏组件应将金属边框可靠接地；不带金属边框的光伏组件应尽量利用屋面永久性避雷针(带)作为接闪器，当无法利用时应增设防雷设施。防雷接地设计应符合现行国家标准《建筑物防雷设计规范》GB 50057 的规定。

4.7 电缆选型和敷设

4.7.4 建筑光伏发电系统用直流电缆也可以采用符合欧美或国

际标准要求的产品，这些标准主要有：《电缆光伏发电系统用电缆》2 PFG 1169/08.2007、《光伏系统用电缆》PPP 59074A：2019《光伏发电系统用电缆》EN 50618：2014、《光伏系统用电缆》IEC 62930：2017 等。

5 建筑与结构设计

5.1 一般规定

5.1.1 安装光伏发电系统的建筑物的建筑设计需要根据选定的光伏发电系统类型，确定光伏组件形式、安装面积、尺寸大小、安装位置，考虑连接管线走向及辅助能源及辅助设施条件，明确光伏发电系统各部分的相对关系，合理安排光伏发电系统各组成部分在建筑中的位置，并满足组件所在部位防水、排水等技术要求。建筑设计需为光伏发电系统各部分的安全检修、光伏构件表面清洗等提供便利条件。

5.1.2～5.1.3 建筑光伏发电系统是建筑的有机组成部分，尤其是采用光伏建筑一体化形式时，光伏发电系统与建筑功能更是密不可分。光伏发电系统不仅要符合光伏系统的发电功能和电气安全性要求，还要符合建筑围护所必需的物理性能和独特的装饰功能要求。因此，在设计光伏发电系统时，应与建筑设计专业密切配合，广泛搜集建筑物所在地的地理、气候、太阳能资源等资料，进行环境分析、日照分析，结合建筑功能、建筑外观与周围环境条件，合理规划光伏发电系统在建筑上的布置方案，统筹布局，做到与建筑风格协调统一，使其在具备良好光伏发电功能的同时，达到建筑用护、建筑节能、太阳能利用和建筑装饰多种功能的完美结合。

5.1.5 光伏发电系统设备的使用寿命一般为 20 年～25 年，从节约造价角度规定，光伏发电系统的结构设计使用年限不应小于 25 年。对于建筑一体化光伏发电系统的支承结构，因为需要满足建筑的功能需要，所以其结构设计使用年限不应小于其替代的建筑构件的设计使用年限。

5.1.6 建筑光伏发电系统安装部位多为高空，为减少安装过程中产生安全风险，在建筑设计时应尽量考虑光伏发电系统的安装便捷性，且光伏发电系统在运营过程中存在构件损坏、坠落的可能性，可以在建筑设计时一并考虑设置一些安全防护措施。

5.2 建筑设计

5.2.6 建筑主体结构在伸缩缝、沉降缝、抗震缝的变形缝两侧会发生相对位移，光伏组件安装跨越变形缝时容易遭到破坏，造成漏电、脱落等危险。故光伏组件不应跨越主体结构的变形缝，或应采用与主体建筑的变形缝相适应的构造措施。

5.2.7 厨房排油烟口、屋面排风口、排烟道、通气管、空调系统等设施会对光伏组件产生遮挡和污染，故应尽量避开。

5.2.9 建筑物的采光设计应符合现行国家标准《建筑采光设计标准》GB 50033 的要求。普通光伏组件透光率低，具有遮挡视线的作用，因此安装在观光处的组件应采用高透光率的双玻组件。在有采光要求的部位，可以选择高透光率的双玻组件或通过调整组件布置间距来控制，也可以通过对晶体硅电池激光打孔的方式获得透光效果。

普通光伏组件的接线盒一般安装在背面短边居中位置，影响美观。因此，在建筑透光处，应尽量将接线盒设置在边角处或隐藏起来。

5.2.17 光伏组件内含电缆，频繁开启会影响使用寿命，有漏电风险。因此，不建议直接用光伏组件作为开启窗扇；如必须采用，需要采取提高电缆耐久性的措施。

5.2.18 因建筑光伏发电系统多位于高空，组件无论采用螺栓连接或挂接、插接等方式都应采取可靠的防脱、防滑措施。

5.3 结构设计

5.3.1 本条规定了建筑光伏发电系统与结构设计的内容，因为结构设计不仅要考虑光伏发电系统本身的结构，还要考虑与主体结构的连接措施及对主体结构的影响。

5.3.4 作为建筑构件的光伏组件要满足建筑构件的结构荷载要求，并进行相应的结构强度和变形验算。

5.3.5～5.3.6 参考现行国家标准《建筑光伏系统应用技术标准》GB/T 51368 中的条款。

5.3.10 建筑光伏发电系统大多安装在高处，支架结构整体稳定性产生问题时，危害极大。因此，必须进行结构整体稳定性计算，确保安全。

5.3.17～5.3.18 参考现行国家标准《光伏发电站设计规范》GB 50797 中的条款。

5.3.22 在既有建筑上增设光伏发电系统时，当屋面结构不能承受采用配重来解决光伏系统整体稳定性时，往往会采用后锚固螺栓与主体结构进行连接。为保证后锚固螺栓的安全性和耐久性，本条提出了具体要求。上海抗震设防烈度大于 6 度地区，采用后锚固锚栓连接时，应符合现行国家标准《混凝土结构加固设计规范》GB 50367 及现行行业标准《混凝土用膨胀型、扩孔型建筑锚栓》JG 160 中与抗震相关的要求。

6 接入系统

6.1 一般规定

6.1.1 光伏发电系统通过专线接入电网有利于电网的安全可靠稳定运行,但大量的建筑光伏发电系统发电容量小,提供的短路电流小,且逆变器有防孤岛保护功能,对电网的安全可靠运行影响小,而采用专线接入投入大。因此,技术经济合理时,可根据周边电网情况采用T接形式并入电网。

6.2 并网要求

6.2.1 光伏发电系统接入电网的电压等级与电站的装机容量、周边电网的接入条件等因素有关,一般需要在接入系统设计中,经技术经济比较后确定。本条根据目前电网的情况推荐了接入电压等级。

6.2.4 建筑太阳能光伏发电以自发自用、就地消纳为主,故应尽可能避免光伏接入总量过大,导致配网线路有功长期倒送,影响电网的安全经济运行。目前,上海配电网已至少形成单联络接线,按照单联络线路最大负载率50%控制,建议单回线路T接接入(或接入环网站)的光伏发电总容量不宜超过线路输送容量的50%,按400 mm^2截面10 kV电缆输送容量的50%计算,限额约为3.3 MW。

同时,由于需要考虑光伏发电系统非同期合闸对备自投正确动作的影响，如变电站 10 kV 母线备自投后加速过流保护定值为 1 200 A，非同期合闸最大冲击电流按光伏额定电流的 2 倍计算，则单根 10 kV 母线所接光伏发电系统总容量限额为 10.4 MW，超过 10.4 MW 需要采取 10 kV 备自投联跳光伏发电并网线路措施进行限制，由于 10 kV 开关站单根母线不少于 3 回出线，建议单回 10 kV 线路 T 接接入（或接入环网站）的光伏发电系统总容量不宜超过限额 10.4 MW 的三分之一。

故建议单回 10 kV 线路 T 接接入（或接入环网站）的光伏发电系统总容量不宜超过 3.5 MW。单个项目容量超过 3.5 MW 的光伏发电系统应采用专线接入。

6.3 继电保护、自动化、通信和电能计量

6.3.5 通过 10 kV 电压等级接入用户侧电网以及通过 380 V 电压等级接入电网的光伏发电系统检测到电网异常时，应在一定的时间内与电网断开，以有效防止孤岛情况。由于光伏发电系统接入电网比例的增加，在电网系统故障引起频率变化时将光伏发电系统切除不再是一个合适的策略，因此要求光伏发电系统能够耐受系统故障状态，在故障清除后能够正常地发出功率，帮助电网恢复频率，减少对电力系统的影响。

6.3.9 电能计量点原则上应设置在电站与电网设施的产权分界处，但为了便于计量和管理，经双方协商同意，也可设置在购售电合同协议中规定的贸易结算点处。

7 施工及安装

7.1 一般规定

7.1.1 建筑光伏发电系统施工前应开展相应的前期准备工作，为施工顺利开展创造条件。

7.1.2 本条强调了建筑光伏发电系统施工应编制专项施工方案。

7.1.3，7.1.4 为了保证施工安全，施工前应制定施工安全和职业健康管理方案、应急预案，施工现场还应遵照相关规定做好相应的安全防护措施。

7.1.5 合格的进场设备和材料是保证工程质量的前置条件，应加强进场设备和材料管理。

7.1.6 建筑光伏发电系统施工过程，不能破坏建筑物的结构和建筑物的附属设施，任何破坏建筑物结构的施工行为，都会降低建筑物承受载荷的能力。

7.1.7 测量放线工作是保证施工质量的前提条件，必须按照相关标准和要求有序开展。

7.1.8 施工现场临时用电要遵循相关标准，安全规范使用。

7.1.9 施工过程记录及相关试验记录要齐全，这有利于后续工程验收和移交顺利开展。

7.1.10 由于屋顶对荷载承重能力是有限的，为了保证安全，施工过程中，屋顶严禁用作设备和材料的堆场；施工过程中如果设备和材料在屋顶上临时放置时应均匀分布，并满足屋顶荷载承重要求。

7.1.11 建筑光伏发电系统应做到文明施工，尽量减少施工带来的影响。

7.2 土建施工

7.2.1～7.2.3 强调了土建工程施工应遵循相关的国家和行业标准要求。

7.2.4 在既有建筑屋面的结构层上现浇基座，要刨开屋面防水层，会破坏建筑物的原有防水结构。故基座施工完成后应按照相关标准重新做屋顶防水。

7.3 光伏支架及组件安装

7.3.1～7.3.3 强调了光伏支架和组件施工所应遵循的相关国家和行业标准的要求。

7.3.4 建筑光伏发电系统支架施工过程应注意对建筑防水功能的保护。如果施工中发生建筑防水层损坏情况，应进行修复处理。

7.3.5，7.3.6 明确了光伏支架与基座、建筑部件的连接要求以及施工偏差控制要求。

7.3.7，7.3.8 明确了光伏支架安装和施工工艺要求，涉及现浇混凝土基座强度保证、支架防腐涂层保护、支架安装偏差控制以及支架连接工艺控制。

7.3.9 光伏组件安装除了要遵循国家相关标准，还提出了存放、搬运、安装、接线和安装偏差控制等方面的要求。

7.3.10 光伏组件运行温度直接影响发电效率，安装后应检查组件背面散热空间，保证组件通风散热良好。

7.4 电气安装

7.4.1～7.4.4 强调了建筑光伏发电系统电气施工所应遵循的相关国家和行业标准的要求。

7.4.5～7.4.9 明确了建筑光伏发电系统中光伏组串汇流箱、逆变器、并网箱、环境监测仪等设备和电缆的安装要求。

8 检测与调试

8.1 一般规定

8.1.1 建筑光伏发电系统的现场检查和测试是为了确认建筑光伏发电系统的安装质量、性能和安全性，发现并排除可能存在的问题和安全隐患，并且识别出后期会影响建筑光伏发电系统发电性能的问题和因素。

8.1.3 光伏发电系统配套的交流并网设备包括电力变压器、各类断路器和开关、互感器以及接地装置等。涉及电能计量的装置需要由专业技术监督部门进行监督检测。

8.1.4 并入公共电网的建筑光伏发电系统的电能质量还要满足标准要求，因此，在试运行后可按照国家相关标准开展并网检测。

8.2 检查与测试

8.2.1 建筑光伏发电系统现场检查要结合施工过程，分部分项进行，所列出的检查项目和要求，主要是为了保证施工质量，提高光伏系统运行效率和可靠性。

8.2.2 建筑光伏发电系统电气开展安全性测试的目的是为了保证设备和人员安全。本条提出了安装容量大于 8 kWp 的光伏发电系统安全性测试项目要求，对 8 kWp 及以下的小型光伏发电系统，安全性测试项目可参照本条执行。

8.2.3 建筑光伏发电系统开展性能测试的目的是为了提高系统的发电效率，通过所列性能测试项目，了解光伏系统的发电性能现状,查找影响性能的问题所在。

8.3 系统调试

8.3.1 本条强调了建筑光伏发电系统开展调试的人员资格要求。

8.3.2 本条强调了建筑光伏发电系统开展调试所要具备的前提条件。

8.3.3 建筑光伏发电系统要根据调试计划,先开展分项分系统调试,再进行整体调试,直至整个系统调试合格。

8.3.4 光伏发电系统调试过程中要针对光伏发电系统主要设备和相关部件的功能进行验证,即验证设备和部件的功能与设计文件和设备规格书的吻合性。光伏电站开展功性能检查的主要设备和部件有组串、汇流箱、逆变器等,检查项目包括显示状态参数、报警、出错信息、电能输出数据等。功能性检查可以帮助了解整个光伏发电系统及其部件是否正常工作。

8.3.5 系统试运行是设备检测和调试的重要组成部分,条件允许时宜连续多日试运行,特别是对大型建筑光伏发电系统,以检验系统运行稳定性和可靠性。

9 消　防

9.1 一般要求

9.1.1 本条强调了建筑光伏发电系统的防火设计应遵循相关的国家标准要求。

9.1.2 建筑材料燃烧性能分级按现行国家标准《建筑材料及其制品燃烧性能分级》GB 8624 的规定。在防水材料上增加防火保护层，有利于防火安全。

9.1.3 在既有建筑物上建设光伏发电系统，需要增加的相关设备、设施不能影响既有建筑物的消防安全，不能占用消防通道，不能影响消防设施的使用。

9.2 防　火

9.2.1 建筑一体化光伏发电系统中组件及其支撑结构也是建筑部件，故要满足建筑物耐火等级要求。建筑部件的燃烧性能分级按现行国家标准《建筑材料及制品燃烧性能分级》GB 8624 中的规定。

9.2.2 本条强调了建筑光伏发电系统的逆变器、开关柜、监控系统等设备所安装房间的火灾危险性分类及耐火等级要满足相应的标准要求。

9.2.3 光伏幕墙的防火构造要满足相应标准要求，光伏幕墙组件布置不能影响到建筑物的防火分区设置。

9.2.4 建筑光伏发电系统的汇流箱、逆变器、开关柜、配电箱、计量柜等设备采用金属外壳，可以提高其耐火等级，一旦发生事故将火灾危险尽量控制在设备内部。

9.3 消防设施

9.3.1 建筑光伏发电系统的消防设施应与所安装建筑的消防设施统筹考虑，可以共用消防设施，提高工程效率。

10　工程验收

10.1　一般规定

10.1.1　本条强调了光伏发电系统安装完工时应进行专项工程验收。

10.1.2　光伏发电系统工程验收遵循先分项工程验收后竣工验收。

10.1.3　本条强调了施工单位要先开展自检自验。

10.1.4　本条明确了在安装施工中现场要完成的隐蔽工程验收项目。

10.2　分项工程验收

10.2.1　分项工程验收要根据工程施工特点分阶段开展。

10.2.2　本条明确了分项工程验收所要参与的人员要求。

10.2.3　本条明确了各分项验收和施工次序的要求，强调了后道施工工序必须在前道工序完成并验收合格后才能进行。

10.2.4　本条强调了建筑光伏发电系统分项工程检验批质量验收要符合现行国家标准的要求。

10.2.5　分项工程的质量验收要做好记录。

10.3　竣工验收

10.3.1　本条强调了光伏发电系统正式投入使用前应通过工程竣工验收。

10.3.2,10.3.3 明确了竣工验收开展组织程序。

10.3.4 本条规定了竣工验收应提交的资料清单。

11 运行维护

11.1 一般规定

11.1.1 建立各类管理制度、编制运行与维护规程、运行与维护人员通过培训具有相应的专业技能等是光伏发电系统安全、有效运行的重要基础。

11.1.2 建筑光伏发电系统的运行维护选择在早晚或阴天进行可以减少对光伏系统正常运行的影响。系统维护前应做好安全准备，并切断相关电源以保证人员安全。

11.1.3，11.1.4 运行维护的目的是保证系统使用正常。运行维护需要配备必要工具、防护用品、测量设备和仪表、备品备件等。

11.1.5 为了保证安全，建筑光伏发电系统达到设计寿命年限后，要继续使用的应进行评估。

11.1.6 相对依靠人工来检查问题、排除故障、维护设备，智能化运维效率高、可靠性高，是光伏发电系统的发展方向之一。光伏发电系统智能化运维包括：光伏发电系统运行状态智能分析、光伏阵列无人机巡检、组件灰尘遮挡监测和机器人自动清洗等。

11.1.7 本条明确了建筑光伏发电系统的计量装置要定期进行校验。

11.1.8，11.1.9 建筑光伏发电系统运行与维护应遵循相关的国家标准要求，并保证人员安全。

11.2 巡检、运行和维护

11.2.1 本条明确了建筑光伏发电系统的巡检和维护周期要求。

11.2.2,11.2.3 明确了建筑光伏发电系统的常规检查和专业检查项目内容。

11.2.4 对光伏阵列面进行清洗可有效提高光伏系统发电效率,清洗周期要根据当地空气中灰尘污染情况,并结合降雨丰沛程度来确定。

11.2.5 在建筑光伏发电系统的运行和巡视中发现的异常要及时处理,以避免发生运行故障或影响系统发电性能。巡检人员要对检查情况做好记录,对发现的问题要做出维护指导。

11.2.6 光伏系统发生故障后,要经专业分析后排除故障,并经过相关的检测,合格后才能重新启动,以保障光伏系统安全、稳定、可靠运行。

11.2.7,11.2.8 运行维护人员要做好运行记录和存档工作,记录应齐全。

欢迎关注“上海工程标准”微信订阅号

定价：30.00 元

上海市工程建设规范

DG/TJ 08-2051-2021
J 11371-2021

地面沉降监测与防治技术标准

Technical standard for land subsidence monitoring and control

021-05-31 发布　　2021-11-01 实施

上海市住房和城乡建设管理委员会 发布